EUROPA-LEHRMITTEL

EUROPA-FACHBUCHREIHE
für elektrotechnische und elektronische Berufe

Prüfungsvorbereitung Fachrechnen Elektrotechnik

Autoren:

Eichler, Walter	Kaiserslautern
Feustel, Bernd	Kirchheim/Teck
Isele Dieter	Lauterach
Käppel, Thomas	Münchberg
Tkotz, Klaus	Kronach
Winter, Ulrich	Kaiserslautern

Leitung des Arbeitskreises und Lektorat:
Klaus Tkotz, Kronach

Bildentwürfe und Layout-Entwurf:
Die Autoren

Bildbearbeitung:
Zeichenbüro des Verlags Europa-Lehrmittel, Nourney, Vollmer GmbH & Co. KG, Ostfildern

Umschlaggestaltung:
Idee Klaus Tkotz unter Verwendung eines Fotos der Firma Texas Instruments, 85350 Freising

7. Auflage 2017
Druck 5 4 3
Alle Drucke derselben Auflage sind parallel einsetzbar, da sie bis auf die Korrektur von Druckfehlern identisch sind.

Satz: YellowHand GbR, 73257 Köngen, www.yellowhand.de, Überarbeitung: fidus Publikations-Service GmbH, Nördlingen
Druck: Plump Druck & Medien GmbH, 53619 Rheinbreitbach

VERLAG EUROPA-LEHRMITTEL · Nourney, Vollmer GmbH & Co. KG
Düsselberger Straße 23 · 42781 Haan-Gruiten
www.europa-lehrmittel.de

Europa-Nr.: 35016 **ISBN 978-3-8085-3507-3**

Informationen zum Arbeitsheft

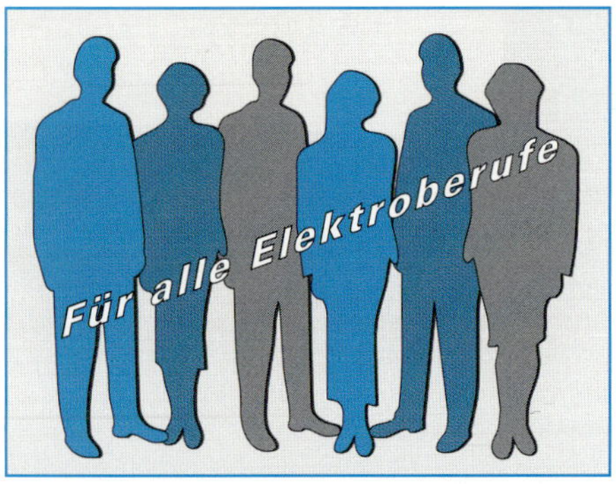

Das Arbeitsheft hilft dem Benutzer, sich auf Prüfungen des Fachrechnens bzw. der Technischen Mathematik im Berufsfeld Elektrotechnik vorzubereiten. Durch gezielte Fragestellungen werden sowohl Fachkenntnisse vermittelt, als auch die Vorgehensweise beim Lösen umfangreicher Aufgaben geübt. Der Schwierigkeitsgrad der Aufgaben ist durch Punkte gekennzeichnet. Bei höherem Schwierigkeitsgrad wird Partner- oder Gruppenarbeit empfohlen. Die Aufgaben sind praxis- und handlungsorientiert und auf die aktuellen Abschlussprüfungen der beruflichen Ausbildung ausgerichtet.
Die vorliegende 7. Auflage wurde an den Stand der Technik angepasst.

Das Arbeitsheft ist besonders geeignet für die Industrie- und Handwerksberufe, z. B.

Elektroniker/in für:
- Betriebstechnik (HWK, IHK)
- Automatisierungstechnik (HWK, IHK)
- Geräte und Systeme (IHK)
- Gebäude- und Infrastruktursysteme (IHK)
- Maschinen- und Antriebstechnik (HWK, IHK)
- Energie- und Gebäudetechnik (HWK)
- Informations- und Systemtechnik (IHK)
- Informations- und Telekommunikationstechnik (HWK)

Industrieelektriker/in für
- Betriebstechnik (IHK)
- Geräte und Systeme (IHK)

- Elektroanlagenmonteur/in (IHK)
- Mechatroniker/in (IHK)
- Systemelektroniker/in (HWK)

Auch für Lernende in Meisterschulen, Berufsfachschulen und technischen Gymnasien sowie für die betriebliche Aus- und Weiterbildung ist das Arbeitsheft geeignet.

Als zusätzliche Lösungshilfen werden empfohlen:
„Rechenbuch Elektrotechnik“, „Tabellenbuch Elektrotechnik“ und „Formeln für Elektrotechniker“ aus demselben Verlag. Selbstverständlich können auch andere Fachbücher der Elektrotechnik zur Lösung verwendet werden.

Jede Aufgabe hat eine Aufgabennummer und ist nach ihrem Schwierigkeitsgrad gekennzeichnet:

• leicht, •• mittel und ••• schwierig.

Einen Lösungsvorschlag finden Sie auf der angegebenen Seite.

Aufgabe:	**10**
Schwierigkeit:	••
Lösung: Seite 57	

Die Autoren empfehlen bei der Lösung der Aufgaben folgende Vorgehensweise:

1. Lesen Sie die Aufgabe aufmerksam durch und machen Sie sich Notizen auf einem separaten Blatt.
2. Lösen Sie die Aufgabe bei Bedarf in Gruppenarbeit.
3. Tragen Sie Ihre Lösung in das vorgesehene Feld ein. Achten Sie dabei auf die Platzeinteilung.
4. Vergleichen Sie Ihre Lösung mit den Ergebnissen auf der jeweils angegebenen Seite.

Für Verbesserungsvorschläge und Kritik sind Autoren und Verlag dankbar. Schreiben Sie uns unter:
lektorat@europa-lehrmittel.de

Viel Erfolg bei Ihrer Prüfung!

Inhaltsverzeichnis

* Schwierigkeit der Aufgabe: • leicht; •• mittel; ••• schwierig
** Kästchen zum Ankreuzen der gelösten Aufgabe

Elektrotechnische Grundlagen
Belasteter Spannungsteiler

EUROPA LEHRMITTEL

Aufgabe: **1**
Schwierigkeit: ••
Lösung: Seite 54

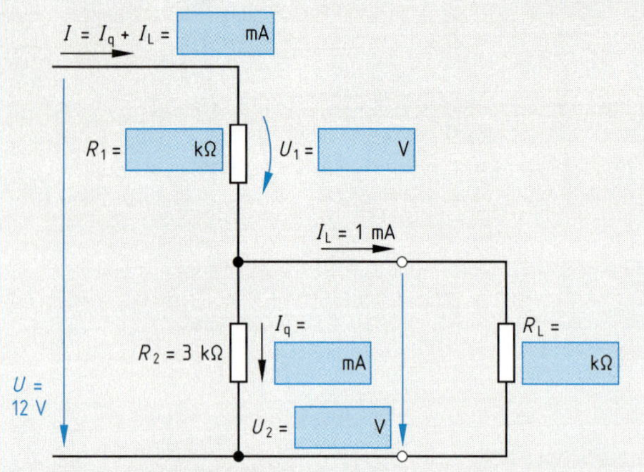

Bild 1: Spannungsteiler

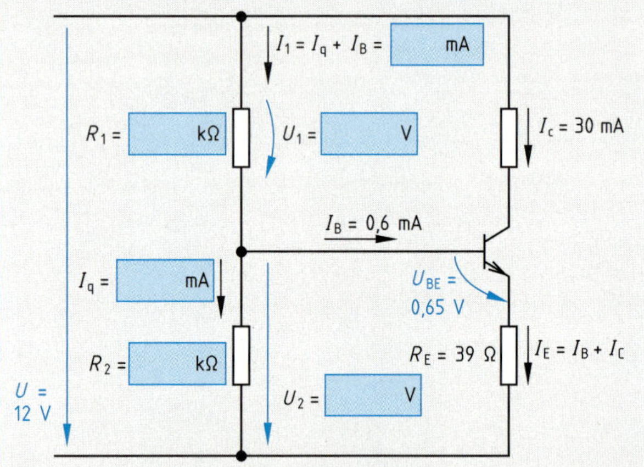

Bild 2: Basisspannungsteiler

1 Berechnen Sie im Spannungsteiler **(Bild 1)** mit dem Querstromverhältnis $q = 3$ die fehlenden Größen und tragen Sie diese in das Schaltbild ein.

Für Bild 1 gilt: $q = \frac{I_q}{I_L} = \frac{R_L}{R_2}$

2 Wie hoch ist die Leerlaufspannung des Spannungsteilers **(Bild 1)**?

3 Berechnen Sie den Strom bei Kurzschluss ($R_L = 0$) am Ausgang **(Bild 1)**.

4 Ein Basisspannungsteiler für einen Transistor **(Bild 2)** soll so dimensioniert werden, dass er ein Querstromverhältnis von $q = 4$ hat. Berechnen Sie die Widerstände R_1 und R_2. Tragen Sie alle fehlenden Werte in das Schaltbild **(Bild 2)** ein.

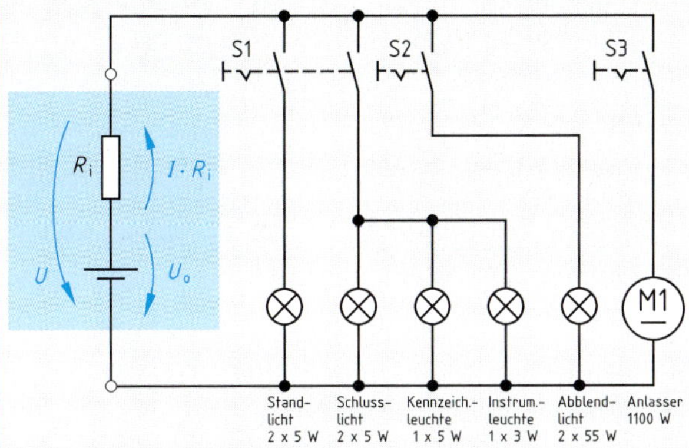

Bild: Belasteter Spannungserzeuger

Eine Akkumulatorenbatterie **(Bild)** in einem PKW hat 6 Zellen in Reihenschaltung mit je einer Leerlaufspannung von $U_{01} = 2{,}0$ V und einem Innenwiderstand von $R_{i1} = 2{,}5$ mΩ. Die Bemessungskapazität beträgt 55 Ah.

1 Wie groß sind die Leerlaufspannung und der Innenwiderstand der Batterie?

> **i** Zur Lösung der Aufgabe wird angenommen, dass Innenwiderstand, Entladespannung und Lampenwiderstände unverändert bleiben.

2 Berechnen Sie die Betriebswiderstände der verschiedenen Lampen bei der Spannung $U = 12$ V.

3 Die Schalter S1 und S2 **(Bild)** sind geschlossen, der Schalter S3 ist geöffnet. Berechnen Sie die Klemmenspannung der Akkumulatorenbatterie.

4 Wie verändert sich die Klemmenspannung, wenn zusätzlich der Anlasser betätigt wird und dabei die Bemessungsleistung aufnimmt (S1 bis S3 geschlossen)?

5 Bei einer Außentemperatur von −10 °C hat ein Bleiakkumulator nur noch 70 % der Bemessungskapazität. Der Akkumulator hat die Bemessungskapazität 55 Ah und ist halb entladen. Wie lange kann man das Standlicht eingeschaltet lassen (Schalter S1 geschlossen), bis die Batterie völlig entladen ist?

Elektrotechnische Grundlagen

Gemischte Schaltung

Aufgabe:	3
Schwierigkeit:	●●
Lösung: Seite 54	

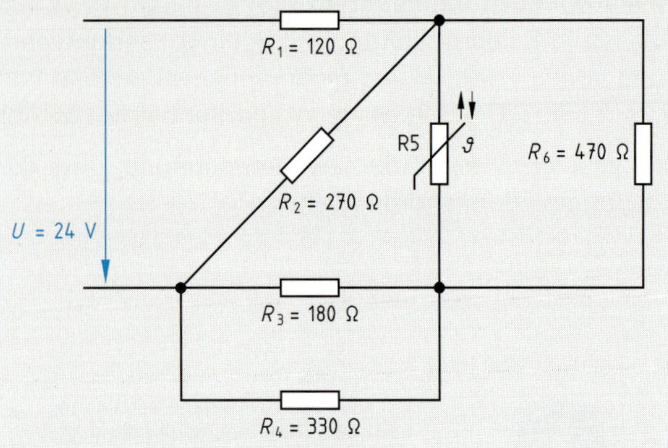

Bild 1: Gemischte Schaltung

Tabelle 1: Kennwerte eines NTC-Widerstandes						
ϑ in °C	−40	0	40	80	120	160
R_ϑ in kΩ	22	2,87	0,571	0,157	0,055	0,023

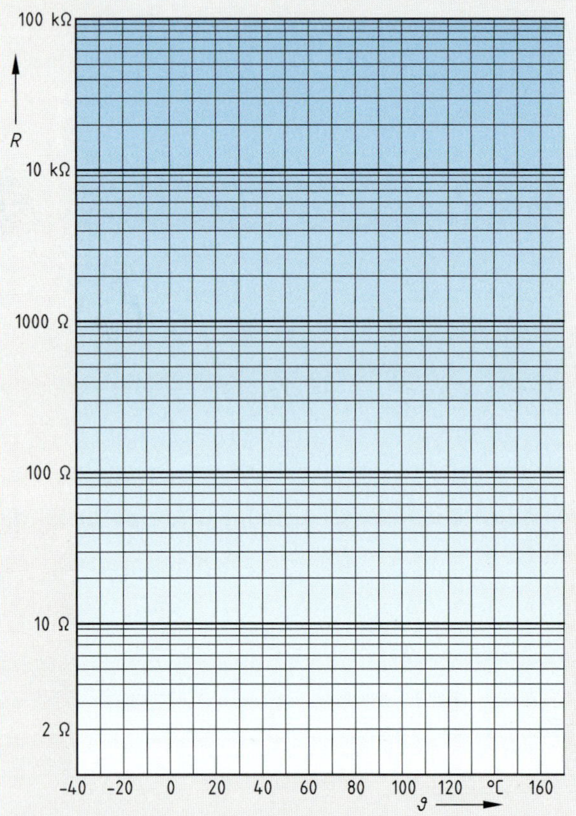

Bild 2: Kennlinie eines NTC-Widerstandes

In der gemischten Schaltung **(Bild 1)** befindet sich der NTC-Widerstand R_5 mit dem Nennwert 1 kΩ.

1 Für den Widerstand R_5 (NTC) liegen Kennwerte **(Tabelle 1)** vor. Tragen Sie die Widerstandswerte über den zugehörigen Temperaturen in das Schaubild **(Bild 2)** ein und zeichnen Sie die Kennlinie des Widerstandes.

2 Bei welcher Temperatur hat der NTC-Widerstand R_5 den Widerstandswert von 1 kΩ?

3 Bestimmen Sie die Widerstandswerte des NTC-Widerstandes für −25 °C und 35 °C.

4 Berechnen Sie den Ersatzwiderstand der Schaltung bei 25 °C.

5 Wie groß ist die Stromstärke im Widerstand R_2 bei 25 °C?

6 Berechnen Sie die Spannung am Widerstand R_5 bei 25 °C und die Ströme I_5 und I_6.

7 Berechnen Sie die Leistungswerte an den Widerständen R_1 bis R_6 und bestimmen Sie die Bemessungsleistungen dieser Widerstände ($\vartheta = 25\,°C$).

8 Tragen Sie alle Strom-, Spannungs- und Leistungswerte in **Tabelle 2** ein.

Tabelle 2: Zusammenstellung der Ergebnisse

Werte an:	R	R_1	R_2	R_3	R_4	R_5	R_6
U in V							
I in mA							
P in mW							
P_{max} in W							

9 Die Spannung U sinkt auf 50 %. Welche Leistung nimmt dann die Schaltung auf?

10 Der Widerstand R_3 soll aus CuNi 44 mit 0,15 mm Durchmesser gewickelt werden. Wie lang muss der Widerstandsdraht sein ($\gamma = 2{,}0\ \text{m}/\Omega \cdot \text{mm}^2$)?

Elektrotechnische Grundlagen

Arbeit, Leistung, Wirkungsgrad

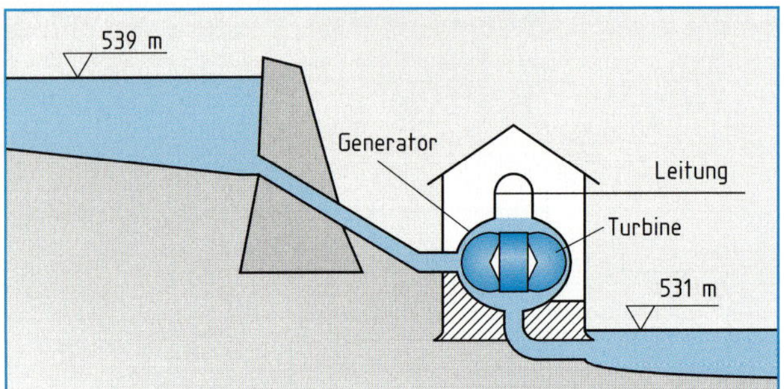

Bild 1: Kleinkraftwerk

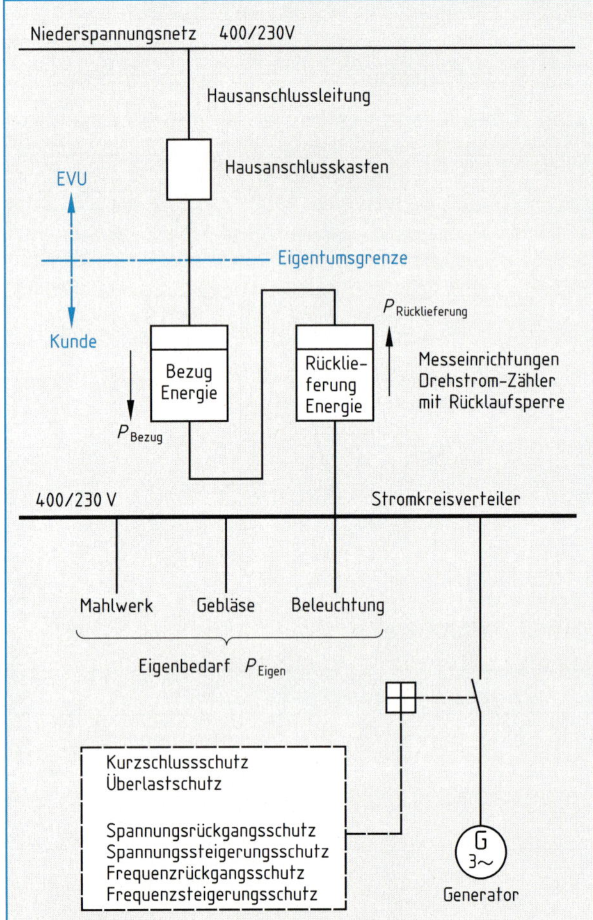

Bild 2: Schaltschema eines Kleinkraftwerks

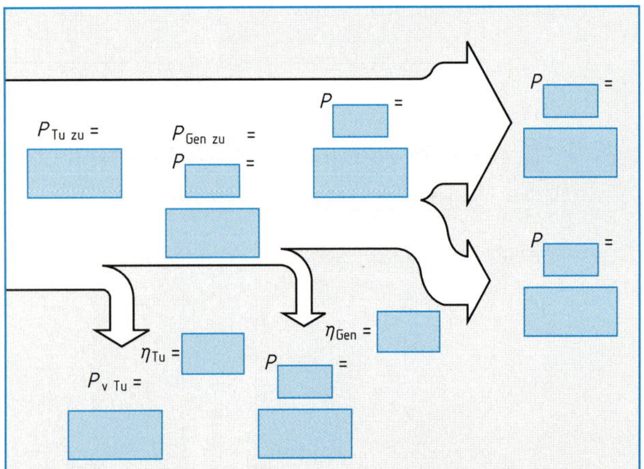

Bild 3: Energiefluss-Diagramm (Normalbetrieb)

Die Turbine eines Kleinkraftwerks **(Bild 1)** in einer Mühle wird durch Wasserkraft angetrieben. Die durchschnittliche Wassermenge beträgt 0,4 m^3 je Sekunde. Der Wirkungsgrad der Turbine beträgt $\eta_{Tu} = 85\,\%$ und der des Generators $\eta_{Gen} = 92\,\%$.

1 Ermitteln Sie die Fallhöhe des Wassers aus **Bild 1**.

2 Welche Leistung $P_{Tu\,zu}$ wird der Turbine durchschnittlich zugeführt?

3 Berechnen Sie die Leistung $P_{Tu\,ab}$, die von der Turbine auf den Generator übertragen wird.

4 Welche elektrische Leistung P_{el} liefert der Generator durchschnittlich?

5 Wie hoch sind die Verlustleistungen $P_{v\,Tu}$ und $P_{v\,Gen}$ an der Turbine und am Generator?

6 Tragen Sie die gegebenen und die berechneten Leistungen und Wirkungsgrade in das Diagramm **(Bild 3)** ein.

7 Für Eigenbedarf z. B. Mahlwerk, Gebläse und Beleuchtung werden 12 Stunden lang durchschnittlich 16,5 kW benötigt. Die überschüssige elektrische Energie wird in das Netz eines Netzbetreibers zurückgeliefert **(Bild 2)**. Dafür bezahlt der Netzbetreiber einen Arbeitspreis $AP = 0{,}092$ €/kWh. Wie viel € erhält der Betreiber des Kleinkraftwerkes vom Netzbetreiber während der Betriebszeit von 12 h?

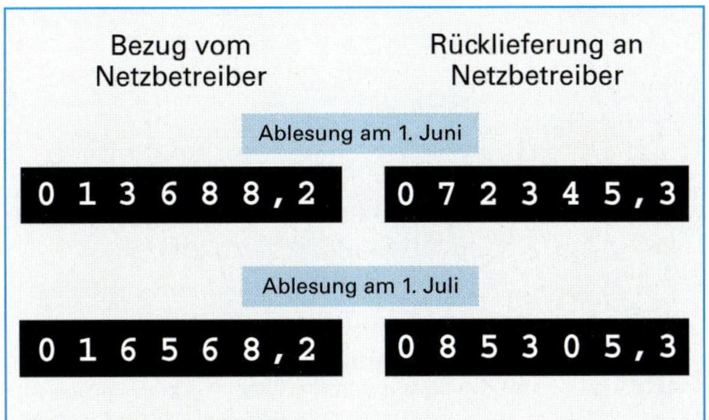

Bild 4: Zählerstände

8 Am 1. Juni und am 1. Juli werden die Zähler abgelesen. **Bild 4** zeigt die jeweiligen Zählerstände.

a) Wie viele kWh werden in dieser Zeit bezogen, wie viele kWh an den Netzbetreiber zurückgeliefert?

Rücklieferung:

Bezug:

b) Der Betreiber erhält vom Netzbetreiber für die rückgelieferte Kilowattstunde 0,092 €. Welchen Betrag erwirtschaftet er im Monat Juni, wenn er für jede bezogene kWh 0,12 € an den Netzbetreiber zu bezahlen hat?

c) Wie hoch ist die durchschnittliche tägliche Einnahme des Betreibers im Monat Juni?

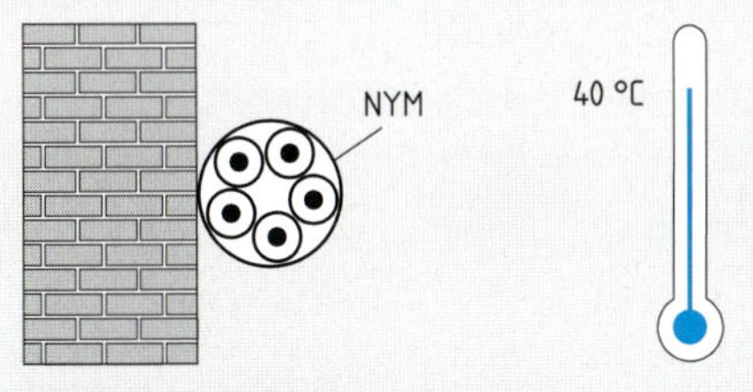

Bild 5: Hauptleitung

9 Welche Verlegeart hat die 23 m lange Hauptleitung **(Bild 5)** vom Generator bis zum Zähler?

10 Bestimmen Sie den erforderlichen Leiterquerschnitt der Hauptleitung (Generator – Zähler) bei einem mittleren Wirkfaktor $\cos \varphi = 0{,}86$.

11 Überprüfen Sie durch Rechnung, ob für den ermittelten Leiterquerschnitt der Spannungsfall zulässig ist.

ℹ Zulässiger Spannungsfall für Hauptleitungen ($S < 100$ kVA) $\Delta u = 0{,}5\,\%$

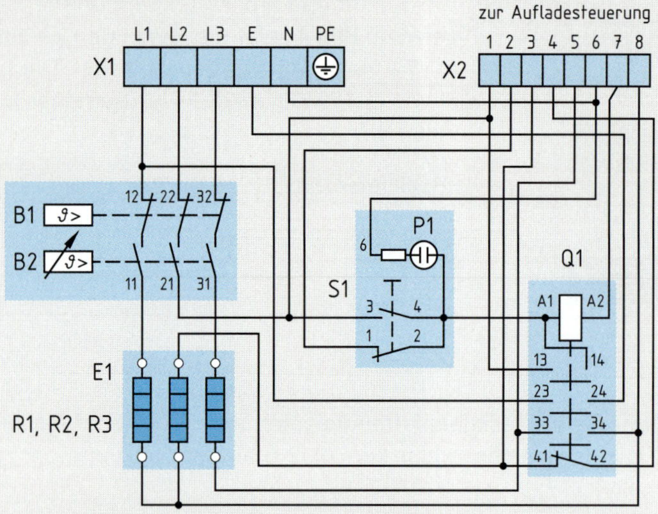

- B1 Schutztemperaturbegrenzer
- B2 Temperaturregler
- X1 Anschlussklemme 6-polig
- X2 Umschaltklemmleiste 8-polig
- E1 Heizflansch mit Rohrheizkörpern (R1, R2, R3) mit je 2 kW, 230 V~
- S1 Taster
- Q1 Leistungsschütz
- P1 Glimmlampe mit Vorwiderstand
- E Freigabe

Bild 1: Schaltbild eines Elektro-Warmwasserspeichers

Ein Einfamilienhaus ist von 5 Personen bewohnt und soll mit einer zentralen Warmwasserbereitungsanlage neu ausgestattet werden. Der tägliche Warmwasserbedarf je Person beträgt 50 Liter von 45 °C. Die Zulauftemperatur ist $\vartheta_k = 10\,°C$.

1 Ermitteln Sie den täglichen maximalen Wasserbedarf bei 45 °C.

2 Für die Warmwasseraufbereitung wird ein Wandspeicher mit 150 Liter Inhalt gewählt. Wie viel Wasser mit 40 °C kann dieser Speicher abgeben, wenn er **a)** auf 45 °C und **b)** auf 60 °C aufgeheizt wurde?

3 Welche Wärmearbeit wird benötigt, wenn der Speicher neu von 10 °C auf 60 °C aufgeheizt wird?

4 Wie lange dauert die erste Aufheizung auf 60 °C bei einer Zulauftemperatur von 10 °C, einem Wärmenutzungsgrad von 95% und einer Heizleistung von **a)** 2 kW mit tarifgünstigem Nachtstrom und **b)** mit 6 kW bei Schnellheizung?

Elektrotechnische Grundlagen

Elektrische Warmwasserbereitung (Fortsetzung)

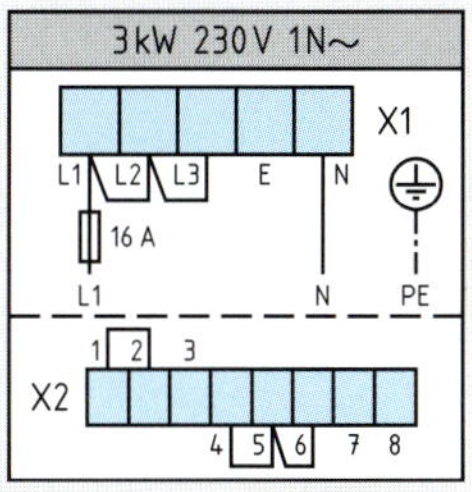

Bild 2: Einkreis-Schaltung

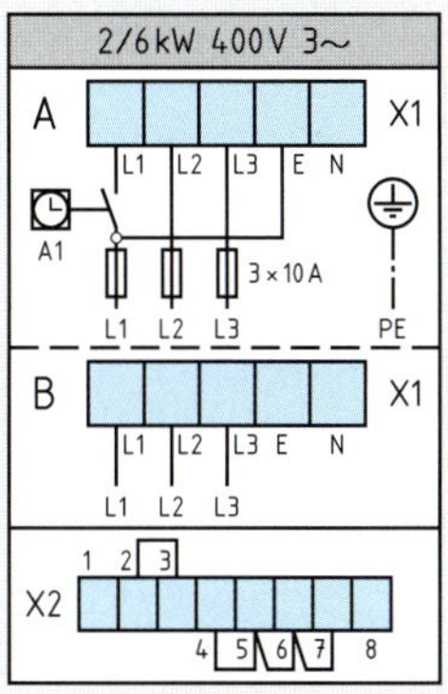

A: mit Schaltkontakt des Netzbetreibers

B: ohne Schaltkontakt des Netzbetreibers

Bild 3: Zweikreis-Schaltung

5 Der Heizflansch E besteht aus 3 Rohrheizkörpern (R1, R2 und R3) mit je 2 kW, 230 V. **a)** Erstellen Sie eine Skizze wie die Rohrheizkörper in der Einkreis-Schaltung, 3 kW, 230 V 1N~ verdrahtet sind **(Bild 1 Seite 10** und **Bild 2)**. **b)** Zeigen Sie durch Berechnung, wie sich die Leistung von 3 kW ergibt.

6 Berechnen Sie aus der Aufgabe 5 den Spannungsfall einer 12 m langen Leitung (Cu 1,5 mm^2).

7 **a)** Erstellen Sie eine Skizze wie die Rohrheizkörper R1, R2 und R3 in der Zweikreis-Schaltung, 2/6 kW 400 V, 3~ ohne NT (Nachttarif) verdrahtet sind **(Bild 1 Seite 10** und **Bild 3)**. **b)** Zeigen Sie durch Berechnung, wie sich die Leistung von 2 kW ergibt.

8 Berechnen Sie aus der Aufgabe 7 in der Schaltung Schnellheizung (6 kW) **a)** den Bemessungsstrom I und **b)** den Spannungsfall der 12 m langen Leitung (Cu 1,5 mm^2). **c)** Ist der Leitungsquerschnitt zulässig?

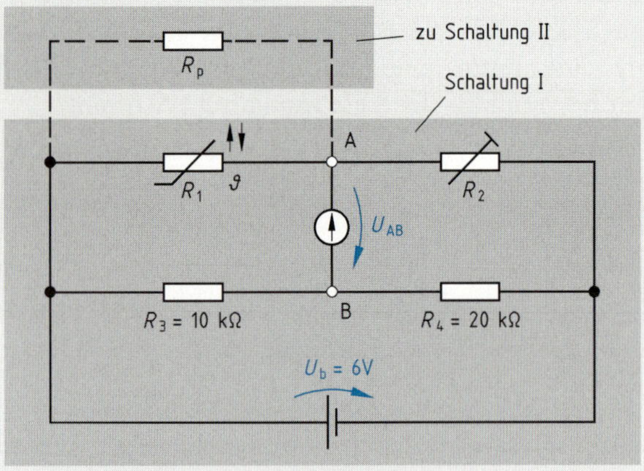

Bild 1: Temperaturmessung

In einer Schaltung **(Bild 1)** soll ein NTC-Widerstand in einer Brückenschaltung zur Temperaturmessung eingesetzt werden. Die mit einem hochohmigen Messgerät gemessene Spannung U_{AB} (zwischen 0 V und 2 V) soll ein Maß für die Temperatur des NTC-Widerstandes (zwischen 0 °C und 100 °C) sein.

Schaltung I:
Der NTC-Widerstand R_1 (Typ S 891/10 k, **Kennlinie Bild 2**) wird in der Brückenschaltung eingesetzt.

Schaltung II:
Dem NTC-Widerstand R_1 wird zusätzlich der Festwiderstand R_p parallel geschaltet.

Beide Schaltungen sind zu berechnen und auf ihren Einsatz zur Temperaturmessung zu überprüfen.

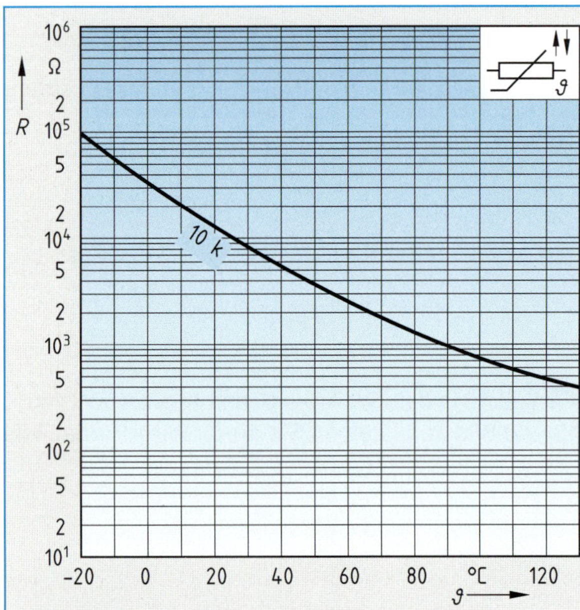

Bild 2: Kennlinie des NTC-Widerstandes (S 891/10 k)

Schaltung I (ohne Parallelwiderstand R_p):

1 Ermitteln Sie aus **Bild 2** die Widerstandswerte des NTC-Widerstandes R_1 bei den angegebenen Temperaturen.

ϑ in °C	0	20	40	60	80	100
R_1 in kΩ						

2 Auf welchen Widerstandswert muss R_2 (ohne Parallelwiderstand R_p) eingestellt werden, damit die Brücke bei 0 °C abgeglichen ist (U_{AB} = 0)?

3 Bestimmen Sie für die Temperaturen von 0 °C bis 100 °C **(aus Teilaufgabe 1)** die Brückenspannung U_{AB} und erstellen Sie in **Bild 3** mit diesen Werten die Kennlinie für die Brückenspannung U_{AB} als Funktion der Temperatur ϑ.

ϑ in °C	0	20	40	60	80	100
R_1 in kΩ						
U_1 in V						
U_{AB} in V						

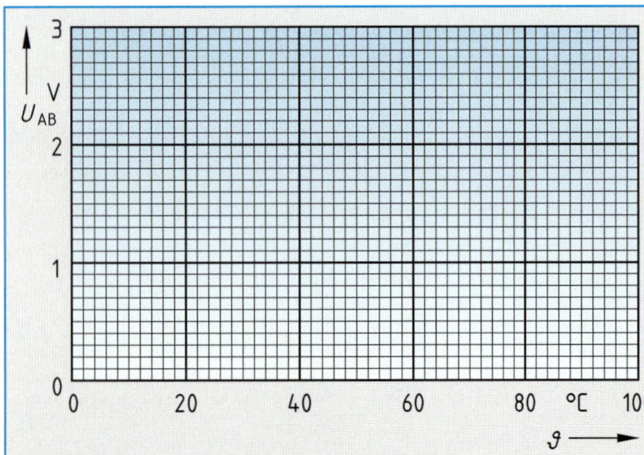

Bild 3: Brückenspannung U_{AB} in Abhängigkeit von der Temperatur ϑ

4 **a)** Vergleichen Sie die Änderung der Brückenspannung in Schritten von 20 K (Kelvin) bis 100 °C miteinander.
b) Besteht zwischen der Brückenspannung und der Temperatur ein proportionales Verhalten?

a) Änderung der Brückenspannung ΔU_{AB}:
0 °C bis 20 °C ⇒ $\Delta U_{AB} = 1{,}05$ V
20 °C bis 40 °C ⇒ $\Delta U_{AB} =$

b)

Schaltung II (mit Parallelwiderstand R_p):

5 Dem NTC-Widerstand wird ein Festwiderstand $R_p = 5{,}6\ \text{k}\Omega$ parallel geschaltet. Auf welchen Wert ist der veränderbare Widerstand R_2 jetzt einzustellen, damit die Brücke bei 0 °C abgeglichen ist?

6 Berechnen Sie den Ersatzwiderstand R_E aus R_1 und R_p für die Temperaturen aus **Teilaufgabe 1** und zeichnen Sie die Widerstandskennlinie von R_E in das Diagramm von **Bild 2** ein.

ϑ in °C	0	20	40	60	80	100
R_E in kΩ						

7 Bestimmen Sie wie in **Teilaufgabe 3** die neuen Brückenspannungen U_{AB} und übertragen Sie diese Werte in die bestehende ϑ-U_{AB}-Kennlinie aus **Teilaufgabe 3**.

ϑ in °C	0	20	40	60	80	100
U_E in V						
U_{AB} in V						

8 Welchen Vor- bzw. Nachteil haben beide Schaltungen bei der Temperaturmessung?

Elektrisches Feld
RC-Glied

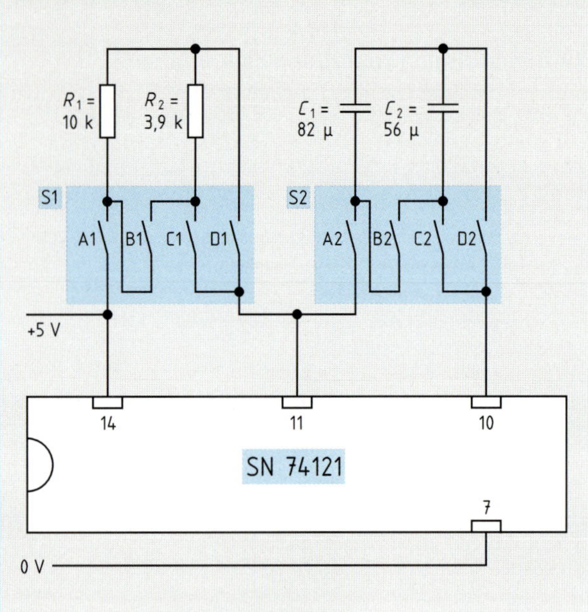

Bild 1: RC-Beschaltung für eine monostabile Kippstufe

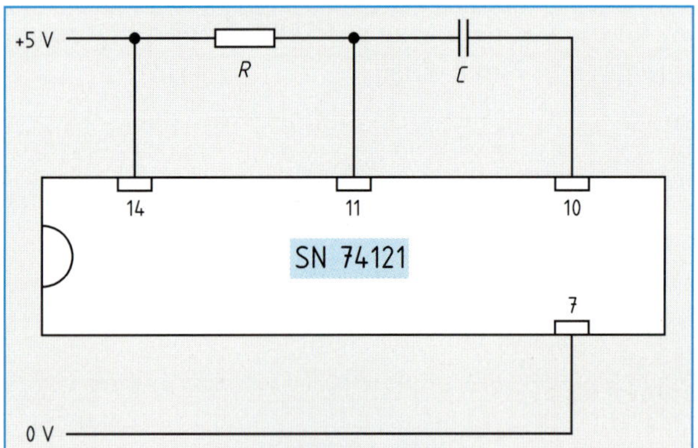

$t_i = 0{,}69 \cdot R \cdot C$

Bild 2: Anschlussanordnung SN 74121

Tabelle 1: Schaltkontakte								
Schalt-stellung	Schaltglieder S1				Schaltglieder S2			
	A1	B1	C1	D1	A2	B2	C2	D2
0								
1	X	X		X	X		X	
2	X		X		X	X		X

Bei einem Digitaltechnik-Experimentierkoffer kann das Zeitverhalten einer monostabilen Kippstufe SN 74121 **(Bild 2)** durch zwei 3-Takt-Nockenschalter eingestellt werden **(Bild 1 und Tabelle 1)**.

1 Zeichnen Sie das Ersatzschaltbild der RC-Beschaltung, wenn **a)** S1 und S2 jeweils in Schaltstellung 1 stehen, **b)** S1 und S2 jeweils in Schaltstellung 2 stehen.

a)

b)

2 Berechnen Sie zu Frage **1a)** die Spannungsaufteilung, die sich einstellt, nachdem der Ladevorgang der Kondensatoren beendet ist. Tragen Sie die Spannungspfeile in die Ersatzschaltung ein.

3 Berechnen Sie die Impulsdauer t_i für die Schaltstellungen aus Frage **1a)**.

4 Berechnen Sie alle einstellbaren Zeiten in **Tabelle 2**.

Tabelle 2: Berechnung der einstellbaren Impulszeiten t_i						
Schaltstellung		Ersatzschaltung der Widerstände	R_{ges}	Ersatzschaltung der Kondensatoren	C_{ges}	t_i
S1	S2					
1	1	R_1 und R_2 parallel	2,8 kΩ	C_1 und C_2 in Reihe	33,3 µF	64,3 ms
1	2					
2	1					
2	2					

Magnetisches Feld
Magnetischer Kreis mit Luftspalt

Aufgabe: **8**

Schwierigkeit: ••

Lösung: Seite 56

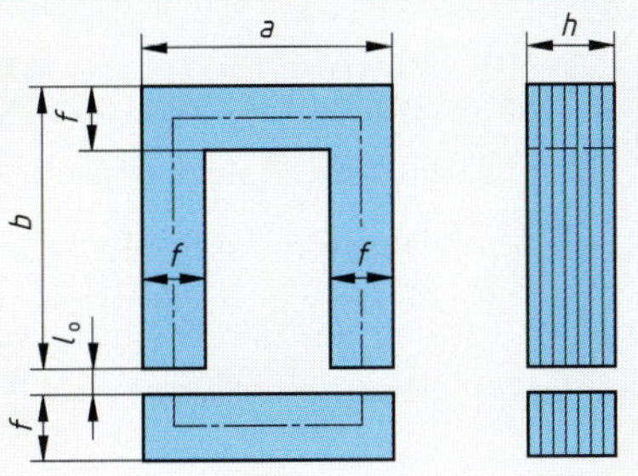

Kern UI 60
a = 60 mm
b = 80 mm
f = 20 mm
h = 27 mm
f_{Fe} = 0,9
Werkstoff:
Elektroblech
$\hat{B}$ = 1,1 T

Bild 1: Kern UI 60

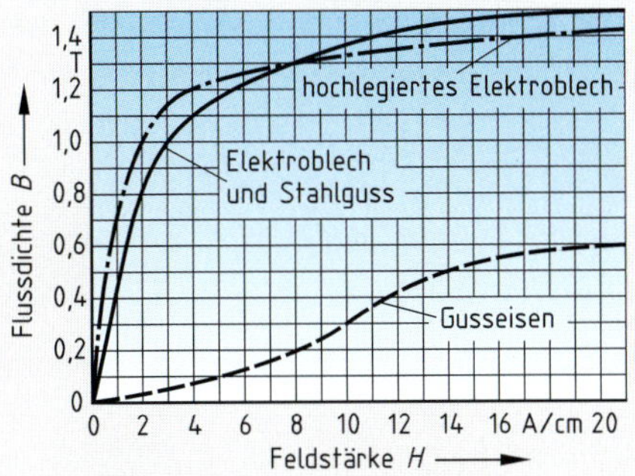

Bild 2: Magnetisierungskennlinien

Zwei Kerne UI 60 **(Bild 1)** werden für Versuchszwecke aus Elektroblech (Magnetisierungskennlinien **Bild 2**) hergestellt. Hierbei wird ein Kern ohne Luftspalt geschichtet, der andere Kern mit Luftspalten zwischen Schenkeln und Joch.

Mit je einer Gleichstromspule soll in jedem Kern eine magnetische Flussdichte von 1,1 T erzeugt werden. Beide Spulen haben 800 Windungen. (Die magnetische Streuung wird vernachlässigt).

Es sollen die Spulenströme berechnet werden.

1 UI-Kern ohne Luftspalt:

a) Berechnen Sie die mittlere Feldlinienlänge im Eisenkern und bestimmen Sie die Feldstärke.

b) Berechnen Sie die Durchflutung und den erforderlichen Spulenstrom.

2 UI-Kern mit zwei Luftspalten von je $l_0 = 1$ mm:

a) Berechnen Sie die Feldstärke und die Durchflutung im Luftspalt.

b) Berechnen Sie den Spulenstrom.

3 Vergleichen Sie die erforderlichen Spulenströme.

Wechselstrom
Gemischte Schaltung

Aufgabe:	9
Schwierigkeit:	•••
Lösung: Seite 56	

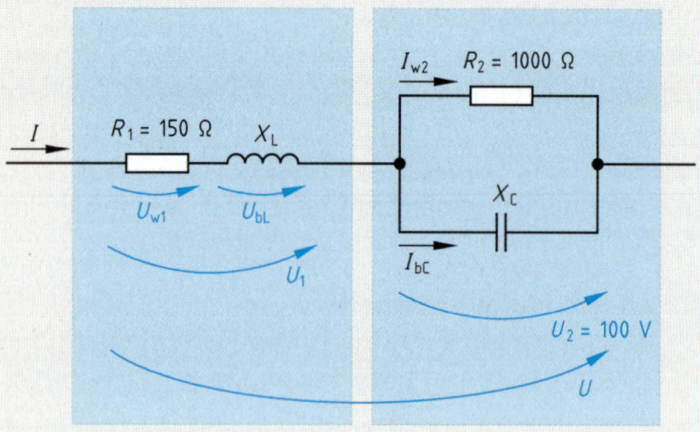

Bild 1: Gemischte Schaltung

Eine verlustbehaftete Spule (L = 1 H) mit Wirkwiderstand R_1 und induktivem Blindwiderstand X_L liegt in Reihe zu einer Parallelschaltung aus Kondensator (C = 4,7 µF) und Wirkwiderstand R_2 an einer Wechselspannung von 50 Hz **(Bild 1)**.

1 Berechnen Sie den induktiven Blindwiderstand X_L und den kapazitiven Blindwiderstand X_C.

2 Ermitteln Sie die Zweigströme I_{w2}, I_{bC}, den Gesamtstrom I und den Phasenverschiebungswinkel φ_2.

Lösungshinweise zu Teilaufgaben 4 bis 6

1. Zeichnerische Ermittlung der Gesamtspannung U

- Erstellen des Stromdreiecks (I_{w2}, I_{bC}, I, φ_2) aus der Parallelschaltung von R_2 und X_C mit U_2 als waagerechtem Bezugszeiger.
- Erstellen des Spannungsdreiecks (U_{w1}, U_{bL}, U_1, φ_1) aus der Reihenschaltung von R_1 und X_L mit Gesamtstrom I als Bezugszeiger.
- Parallelverschieben der Teilspannung U_1 an das Ende von U_2.
- Ermittlung der Gesamtspannung U als dritte Seite im schiefwinkligen Dreieck durch grafische Addition von U_1 und U_2.

2. Rechnerische Ermittlung der Gesamtspannung U

Kosinussatz:

- $U = \sqrt{U_1^2 + U_2^2 - 2 \cdot U_1 \cdot U_2 \cdot \cos\beta}$
  Der Winkel β befindet sich zwischen U_1 und U_2.
- $U_1 = \sqrt{U^2 + U_2^2 - 2 \cdot U \cdot U_2 \cdot \cos\alpha}$
  Der Winkel α befindet sich zwischen U und U_2.

3 Berechnen Sie nun die Teilspannungen U_{w1} und U_{bL}, die Spannung U_1 an der Reihenschaltung **(Bild 1)** und den Phasenverschiebungswinkel φ_1.

4 Ermitteln Sie zeichnerisch die Gesamtspannung U (siehe Lösungshinweis, Seite 16).

Maßstab:
1 cm ≙ 10 V
1 cm ≙ 50 mA

Der Winkel β wird eingeschlossen durch die Zeiger von U_1 und U_2 ($\beta = 180° - \varphi_1 - \varphi_2$)
Der Winkel α wird eingeschlossen durch die Zeiger von U und U_2 ($\alpha = \varphi_2 - \varphi$)

Bild 2: Zeigerdiagramm der gemischten Schaltung

5 Kontrollieren Sie die zeichnerisch ermittelte Gesamtspannung U durch Berechnung mithilfe des Kosinussatzes (siehe Lösungshinweis 2, Seite 16 und Bild 2).

6 Bestimmen Sie zeichnerisch und rechnerisch die Phasenverschiebung φ zwischen dem Gesamtstrom I und der Gesamtspannung U (Lösungshinweis 2, Seite 16 und Bild 2).

7 Ermitteln Sie, ob die gemischte Schaltung induktives oder kapazitives Verhalten hat.

Wechselstrom
Leuchtstofflampen in Duoschaltung

Aufgabe:	10
Schwierigkeit:	• •
Lösung: Seite 57	

Zwei Leuchtstofflampen 58 W werden am Wechselspannungsnetz 230 V 50 Hz in Duoschaltung mit einem induktiven und einem kapazitiven Zweig betrieben **(Bild 1)**. Durch den Kompensationskondensator C in Zweig 2 hat die Duoschaltung einen Gesamtwirkfaktor von $\cos \varphi = 1$. Das Leistungsschild der Vorschaltgeräte (Drosselspulen) zeigt einen Nennstrom $I = 0{,}67$ A **(Bild 2)**. Das Datenblatt des Herstellers gibt für ein einzelnes konventionelles Vorschaltgerät (KVG) mit Leuchtstofflampe eine Gesamtleistung von 70 W an. **Bild 3** zeigt das Ersatzschaltbild des Vorschaltgerätes mit dem Ersatzwiderstand R_1 für die Eisen- und Kupferverluste. Die Leuchtstofflampe selbst wird trotz kleinem induktiven Anteil als rein ohmsche Belastung R_2 angesehen.

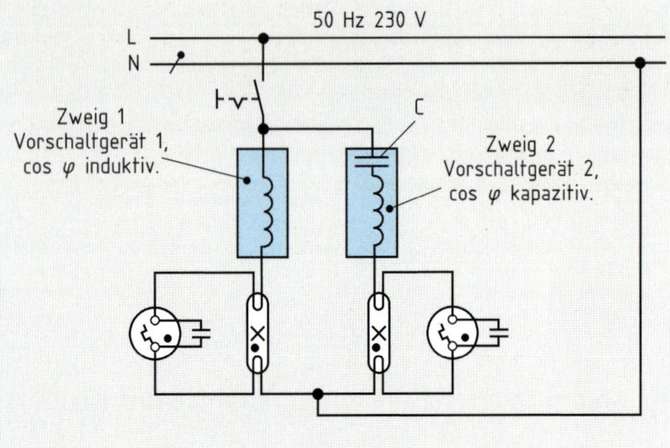

Bild 1: Duo-Leuchtstofflampenschaltung

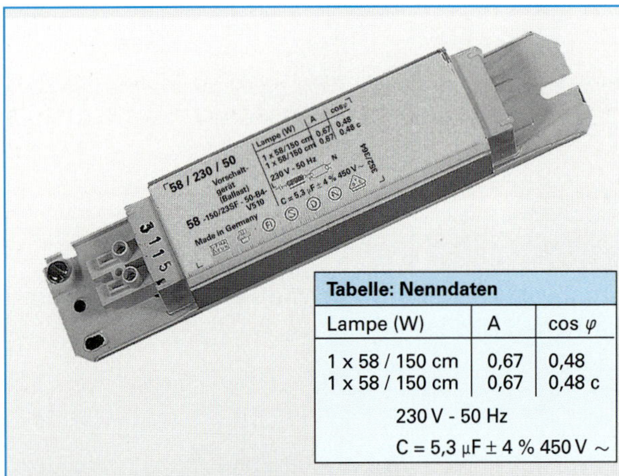

Tabelle: Nenndaten		
Lampe (W)	A	cos φ
1 x 58 / 150 cm 1 x 58 / 150 cm	0,67 0,67	0,48 0,48 c
230 V - 50 Hz		
C = 5,3 µF ± 4 % 450 V ~		

Bild 2: Vorschaltgerät mit Leistungsschild

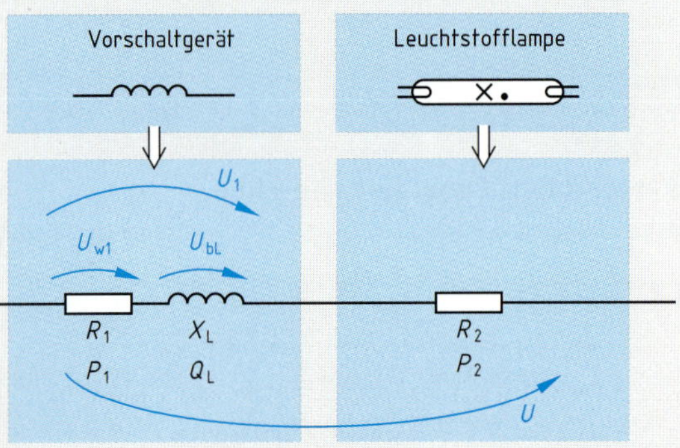

Bild 3: Ersatzschaltbild der Schaltung (Zweig 1)

1 Berechnen Sie für den Zweig 1 **(Bild 1)** die Gesamtscheinleistung S, am Vorschaltgerät die Wirkleistung P_1 und die induktive Blindleistung Q_L **(siehe auch Bild 3)**.
(Hinweis: Wirkfaktor vom Leistungsschild nicht verwenden.)

2 Zeichnen Sie das Zeigerdiagramm der Leistungen am Vorschaltgerät in **Bild 4** ein.

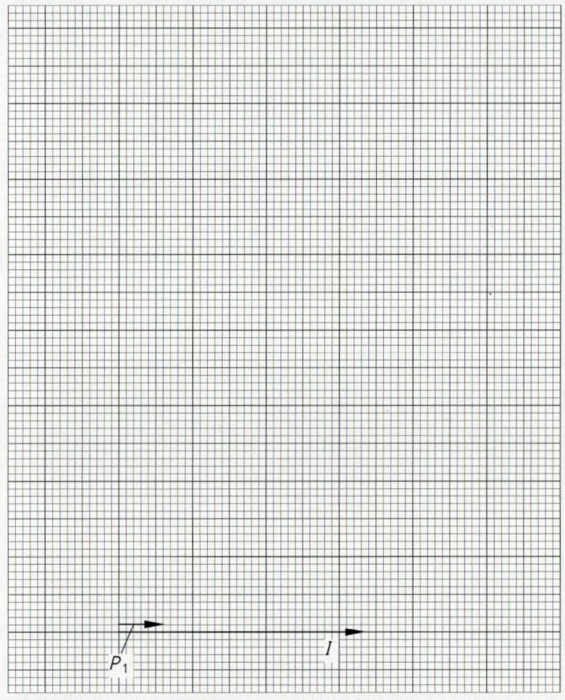

Maßstab:
1 cm ≙ 20 W ≙ 20 VA ≙ 20 var; 1 cm ≙ 200 mA

Bild 4: Zeigerdiagramm der Leistungen

3 Ermitteln Sie zeichnerisch und rechnerisch den Phasenverschiebungswinkel φ_1 und den Wirkfaktor $\cos \varphi_1$ der Drosselspule.

Wechselstrom

Leuchtstofflampen in Duoschaltung (Fortsetzung)

4 Berechnen Sie die Spannung U_1 am Vorschaltgerät.

5 Ergänzen Sie das Zeigerdiagramm in **Bild 4** um den Leistungsanteil P_2 der Leuchtstofflampe und ermitteln Sie zeichnerisch die gesamte Scheinleistung S. $S =$ ______________________

6 Bestimmen Sie zeichnerisch mithilfe von **Bild 4** und rechnerisch den Phasenverschiebungswinkel φ_2 und den Wirkfaktor $\cos \varphi_2$ der Lampenschaltung in Zweig 1 (Leuchtstofflampe und Vorschaltgerät). Vergleichen Sie den Wert mit der Angabe auf dem Leistungsschild des Vorschaltgerätes in **Bild 2**.

7 Die Duo-Leuchtstofflampenschaltung wird auf einen Gesamtwirkfaktor von $\cos \varphi = 1$ kompensiert. Bestimmen Sie die kapazitive Blindleistung Q_C im Zweig 2 und die Kapazität des Reihenkondensators. Vergleichen Sie den Kapazitätswert mit dem Wert auf dem Leistungsschild von **Bild 2**.

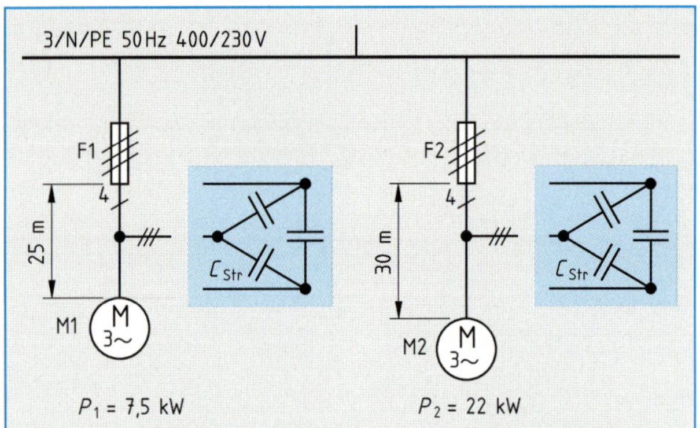

Bild: Drehstrommotoren mit Kondensatorbatterien

Tabelle 1: Betriebswerte von Drehstrom-Kurzschlussläufermotoren

	Motor M1	Motor M2
Bemessungsleistung in kW		
Baugröße		
Bemessungsdrehzahl in $^1/_{min}$		
Bemessungsspannung in V		
Bemessungsstrom in A		
Wirkfaktor		
Wirkungsgrad		

Tabelle 2: Betriebswerte der Blindleistungsaufnahme im Leerlauf (Auszug)

Bemessungsleistung in kW	Blindleistungen in kvar		
	3000 $^1/_{min}$	1500 $^1/_{min}$	1000 $^1/_{min}$
5,5	2,2	2,4	2,7
7,5	3,4	3,6	4,1
11,0	5,0	5,5	6,0
15,0	6,5	7,0	8,0
18,5	8,0	9,0	10,0
22,0	10,0	11,0	12,0
30,0	14,0	15,0	17,0

Tabelle 3: Daten dreiphasiger Leistungskondensatoren IP 55, schutzisoliert (Auszug)

Blindleistung in kvar für		Kapazität in µF	Maße H x B x T in mm
440 V	400 V		
2,5	2,1	3 x 13,7	350 x 250 x 150
5,0	4,2	3 x 27,4	350 x 250 x 150
7,5	6,3	3 x 41,1	350 x 250 x 150
10,0	8,3	3 x 55,0	350 x 250 x 150
12,5	10,0	3 x 68,5	350 x 250 x 150
15,0	12,5	3 x 82,2	350 x 250 x 150
20,0	16,6	3 x 109,6	500 x 350 x 150

Zwei vierpolige Drehstrom-Kurzschlussläufermotoren (Y-△-Anlauf) mit Bemessungsleistungen von 7,5 kW und 22 kW **(Betriebswerte in Tabelle, vordere Umschlaginnenseite)** laufen im Dauerbetrieb und sollen einzeln kompensiert werden **(Bild)**. Um bei Teilbelastung bzw. Leerlauf eine Überkompensierung und beim Auslauf nach dem Abschalten eine Selbsterregung des Motors zu vermeiden, soll die Blindleistung des Kondensators nicht höher als 90 % der Leerlaufblindleistung des Motors sein **(Tabelle 2)**. Somit wird im Leerlauf ein Wirkfaktor cos φ von etwa 0,95 bis 0,98 erreicht.

1 Berechnen Sie die Drehfelddrehzahl der Motoren, ermitteln Sie aus der **Tabelle, vordere Umschlaginnenseite** die Betriebswerte für die Drehstromkurzschlussläufermotoren und tragen Sie diese Werte in die **Tabelle 1** ein.

2 Bestimmen Sie die kapazitiven Blindleistungen **(Tabelle 2)** der zwei Kondensatorbatterien unter Berücksichtigung der Bedingung, dass nur auf 90 % der Leerlaufblindleistung kompensiert wird.

3 Berechnen Sie die Einzelkapazität der in Dreieck geschalteten Leistungskondensatoren.

4 Wählen Sie aus **Tabelle 3** die notwendigen Leistungskondensatoren aus.

5 Berechnen Sie bei Bemessungslast mit den ausgewählten Kondensatoren die neuen Wirkfaktoren.

6 Wie viel Prozent der Motor-Bemessungsleistung beträgt die Blindleistung der Kondensatorbatterie?

7 Ermitteln Sie die neuen Ströme in den Zuleitungen nach der Kompensation und vergleichen Sie die Ergebnisse mit den Werten in Ihrer ausgefüllten **Tabelle 1**.

8 Bestimmen Sie die Kupferquerschnitte der beiden Leitungen zu den Motoren bei der Verlegeart C und der Umgebungstemperatur 30 °C (Datenblatt, Seite 64). Berechnen Sie die Leistungsverluste P_v auf den Leitungen mit den Stromwerten vor und nach der Kompensation.

EUROPA LEHRMITTEL

Drehstrom

Stern-Dreieck-Schaltung

Aufgabe: **12**

Schwierigkeit: •

Lösung: Seite 57

Ein Drehstromwärmeofen **(Bild)** wird nach dem gegebenen Technologieschema über den Zähler P1 und den Schalter Q1 in Sternschaltung oder in Dreieckschaltung am Drehstromnetz betrieben.

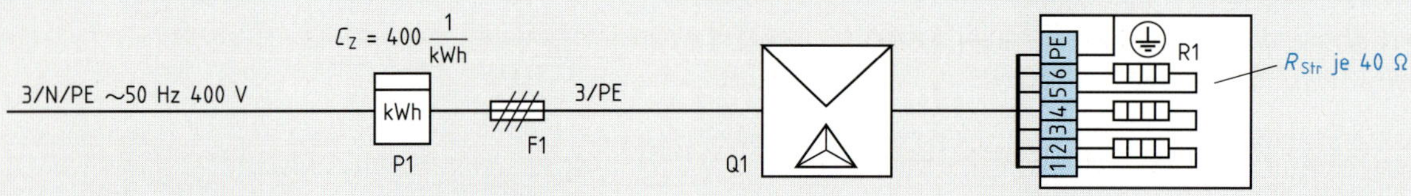

Bild: Anschluss eines Drehstromwärmeofens

Berechnen Sie bei Betrieb in Sternschaltung:

1 Die Stromstärke in der Zuleitung und die Leistungsaufnahme,

2 die Zahl der Umdrehungen der Zählerscheibe von P1 in 3 Minuten,

3 die Leistungsaufnahme bei Unterbrechung im Strangwiderstand R_1 ($R_1 \to \infty$).

Berechnen Sie bei Betrieb in Dreieckschaltung:

4 Die Stromstärke in der Zuleitung und die Leistungsaufnahme,

5 die Leistungsaufnahme, wenn durch einen Netzfehler die Anschlussspannung auf 90 % der Nennspannung absinkt,

6 die Leistungsaufnahme bei Bemessungspannung, wenn die Überstrom-Schutzeinrichtung in L1 auslöst.

EUROPA LEHRMITTEL

Antriebstechnik
Zahnrad- und Riementrieb

Aufgabe: **13**

Schwierigkeit: ● ●

Lösung: Seite 57

Zur Materialzufuhr bei einer Fließbandfertigung wird der dargestellte Bandantrieb **(Bild)** eingesetzt. Ein Drehstrom-Kurzschlussläufermotor mit den gegebenen Daten treibt über ein mehrstufiges Getriebe ein Reibrad an, welches das Förderband bewegt.
Die treibende Scheibe des Riementriebs befindet sich auf der Welle des Zahnrades z_2.
Ein eventueller Schlupf bei Riementrieb und Reibrad wird vernachlässigt.

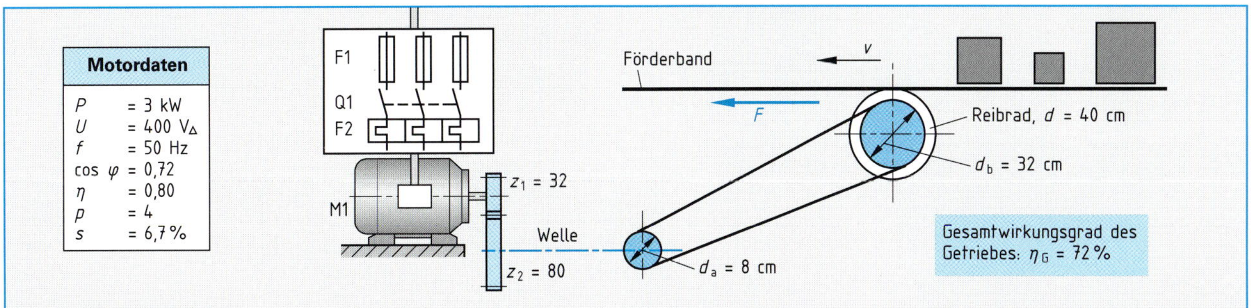

Bild: Bandantrieb

1 Berechnen Sie das Gesamtübersetzungsverhältnis des Getriebes.

2 Ermitteln Sie die Bandgeschwindigkeit v in m/s.

3 Mit welcher Kraft F treibt das Reibrad das Förderband an?

4 Berechnen Sie die Stromstärke zur Einstellung des Überlastrelais F2.

Elektrische Maschinen

Gleichstromnebenschlussmotor

Motordaten	
U	500 V
R_e	1000 Ω
R_A	0,8 Ω
R_{wp}	0,2 Ω

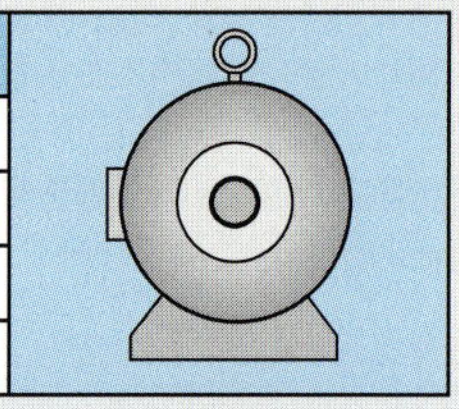

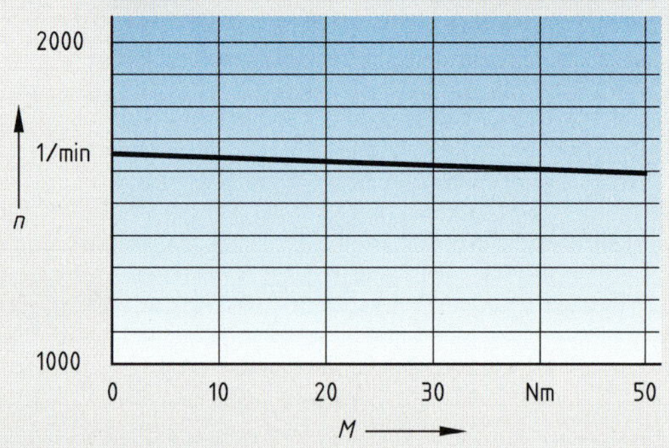

Bild: Bemessungsdaten

Ein Gleichstromnebenschlussmotor mit Wendepolen und der Belastungskennlinie nach **Bild** treibt eine Pumpe mit einem Widerstandsmoment von 44 Nm an. An den Bürsten fällt die Spannung $U_B = 2$ V ab. Im Leerlauf nimmt der Motor 1 A auf. Die Drehzahl beträgt dann $n = 1651$ $^1/\text{min}$.

1 Berechnen Sie die induzierte Gegenspannung U_{i0} bei Leerlauf.

2 Ermitteln Sie aus der Kennlinie die Umdrehungsfrequenz des Motors bei Pumpenbelastung.

$n =$ ______________ $^1/\text{min}$

3 Berechnen Sie die notwendige Antriebsleistung.

4 Welche Wassermenge kann die Pumpe bei $\eta_P = 70\,\%$ in einer Stunde 20 m hoch fördern?

5 Wie groß ist bei Pumpbetrieb der aufgenommene Strom des Motors?

6 Welcher Wirkungsgrad η_M stellt sich im Betriebspunkt des Motors ein?

7 Wie groß sind die mechanischen Verluste des Motors bei Pumpbetrieb?

EUROPA LEHRMITTEL	**Elektrische Maschinen** Auswahl eines Antriebsmotors	Aufgabe: **15** Schwierigkeit: ●●● Lösung: Seite 58

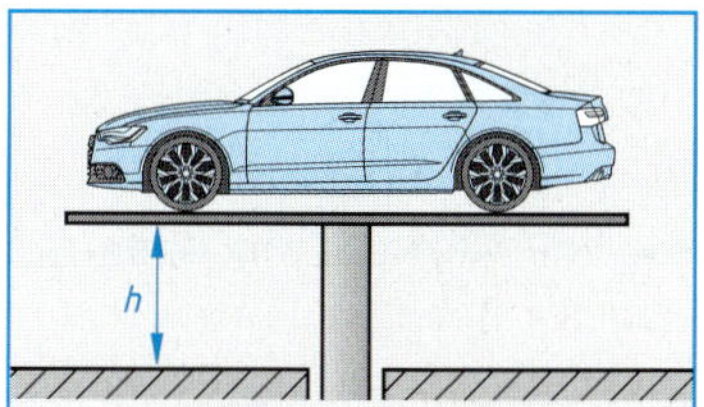

Bild: Hebebühne

Eine hydraulische Hebebühne (**Bild**) darf eine maximale Last von 2000 kg heben. Das Eigengewicht der Hebebühne beträgt 200 kg. Die Last kann in 15 s 2 m hoch gehoben werden. Der Wirkungsgrad der Bühne beträgt 82 %, der Wirkungsgrad der Hydraulikpumpe 70 %. Als Antrieb soll ein 4-poliger Drehstrom-Asynchronmotor eingebaut werden.

1 Welche Größe muss man ermitteln, um einen Motor auszuwählen?

☐ Spannung ☐ Strom ☐ Bemessungsleistung ☐ Bemessungsmoment

2 Berechnen Sie den Wert der ermittelten Größe aus Frage 1.

3 Wählen Sie aus der Tabelle der vorderen Umschlaginnenseite einen geeigneten Motor aus.

Typ: ______________ Bemessungsleistung: ______________ Bemessungsdrehzahl: ______________

4 Die Pumpe benötigt ein drehzahlunabhängiges Drehmoment. Das Moment im Anlaufaugenblick ist 5 % höher als das Betriebsmoment. Überprüfen Sie, ob das Anlaufmoment des Motors ausreicht.

5 Überprüfen Sie durch Rechnung, ob Direktanlauf zulässig ist.

6 Falls kein Direktanlauf zulässig ist, wählen Sie ein mögliches Anlassverfahren und überprüfen Sie die Motorauswahl laut Aufgabe 3. Korrigieren Sie diese Auswahl falls notwendig.

7 Berechnen Sie den Schlupf des ausgewählten Motors bei Bemessungsbetrieb.

8 Zeichnen Sie den linearen Teil der Drehzahl-Drehmomentenkennlinie und ermitteln Sie den tatsächlich auftretenden Schlupf, wenn die Pumpe unter Last läuft.
(Lösungshinweis: Bei 1500 $^{1}/_{\text{min}}$ ist $M = 0$ Nm, bei Bemessungsdrehzahl ist $M = M_N$)

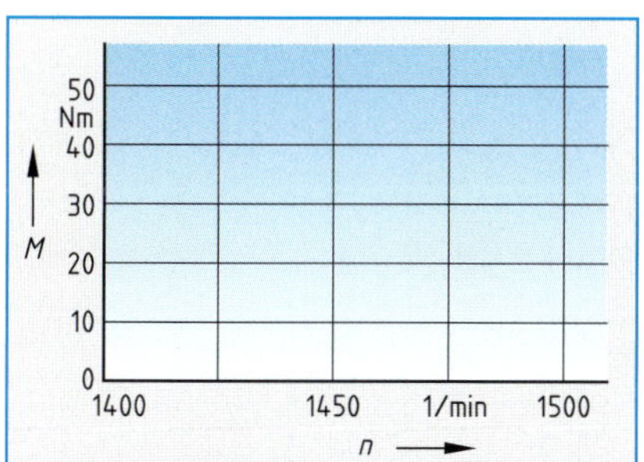

Elektrische Maschinen
Drehstrom-Asynchronmotor

Aufgabe:	16
Schwierigkeit:	••
Lösung: Seite 58	

Hersteller	
3~ Motor	Nr.:
Δ/Y 400V/690V	10,7A /.....A
5,5 kW	cos φ 0,88
1450 /min	50 Hz
Is.Kl. B IP 54	DIN VDE 0530

Bild 1: Leistungsschild

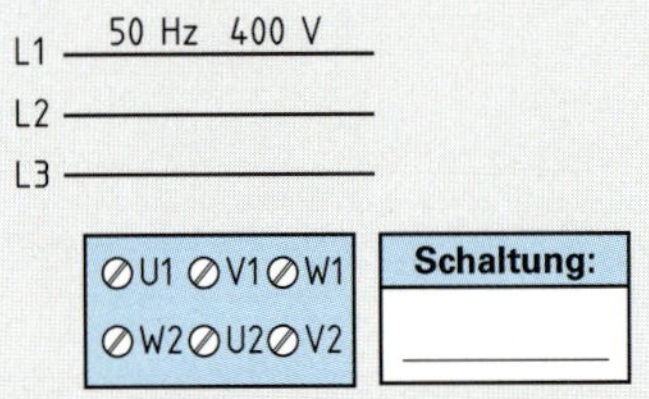

Bild 2: Motorklemmbrett

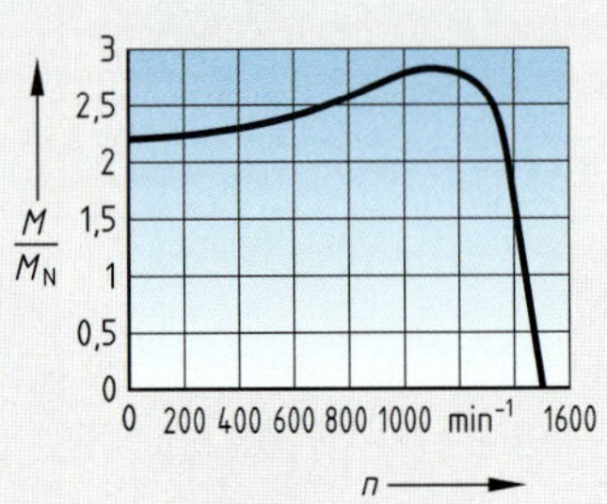

Bild 3: Drehmoment-kennlinie

Ein Drehstromkurzschlussläufermotor mit dem dargestellten Leistungsschild **(Bild 1)** und der gegebenen Drehmomentkennlinie **(Bild 3)** soll am Drehstrom-versorgungsnetz 400 V, 50 Hz betrieben werden.

1 Geben Sie in **Bild 2** die erforderliche Motorschaltung an. Zeichnen Sie die Brücken ein und schließen Sie den Motor für Rechtslauf an.

2 Bestimmen Sie die Polpaarzahl des Motors, seinen Schlupf und den Schlupf beim Kippmoment (Kippschlupf).

3 Berechnen Sie den Motorwirkungsgrad und die Motorverluste bei Bemessungsbetrieb.

4 Welches Bemessungsmoment in Nm gibt der Motor an seiner Welle ab?

5 Bestimmen Sie das Motoranzugsmoment und das Kippmoment in Nm.

6 Auf dem Leistungsschild ist der Bemessungsstrom für Sternbetrieb nicht angegeben. Berechnen Sie diesen Strom.

7 Berechnen Sie den Anzugsstrom des Motors bei Stern-Dreieck-Anlauf und dem Stromverhältnis I_A/I_N = 7,0.

Elektrische Maschinen
Berechnen eines Steuertransformators

Aufgabe: **17**
Schwierigkeit: ● ●
Lösung: Seite 58

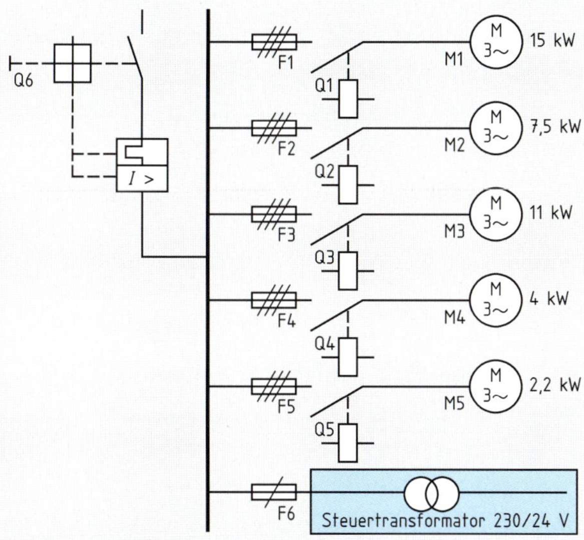

Bild: Übersichtsschaltplan

Tabelle 1: Bemessungsdaten von Schaltschützen					
Bemessungswerte	Baugröße Leistungsschütz 00	0	1	2	Steuerschütz
Schaltleistung bei 400 V 50 Hz in kW	3	5,5	11	18,5	–
Halteleistung der Spule bei AC 24 V in VA	8,5	10	14	16	4,6

Tabelle 2: Berechnung der Transformatorleistung			
Motor	*P* in kW	Baugröße Leistungsschütz	Leistung in VA
M1			
M2			
M3			
M4			
M5			
Zusätzliche Steuereinrichtungen:			
6 Meldeleuchten 24 V je 2 VA			
4 Steuerschütze AC 24 V			
Gesamte Steuerleistung:			

Für die Steuerung einer Anlage **(Bild)** soll ein Steuertransformator berechnet werden. Der Transformator soll für den Bemessungsbetrieb aller in **Tabelle 2** angegebenen Schütze und Meldeeinrichtungen ausgelegt sein und eine Reserveleistung von mindestens 20 % haben.

1 Wählen Sie aus **Tabelle 1** die Baugrößen der Schaltschütze Q1 bis Q5. Übertragen Sie die ermittelten Baugrößen der Leistungsschütze und die Halteleistung ihrer Schützspulen in die **Tabelle 2**.

2 Ermitteln Sie in **Tabelle 2** die gesamte Steuerleistung und berechnen Sie die erforderliche Bauleistung des Transformators.

> Kleintransformatoren mit $S_2 \leq 16$ kVA berechnet man mit $\cos \varphi = 1$ ($S = P$).

3 Wählen Sie aus der **Tabelle, Seite 65,** den erforderlichen Kernblechschnitt des Transformators.

Kernblechschnitt: ____________________

4 Berechnen Sie mit den Daten aus der **Tabelle, Seite 65,** die Windungszahlen N_1 für $U_1 = 230$ V und N_2 für $U_2 = 24$ V.

5 Berechnen Sie mit den Angaben aus der **Tabelle, Seite 65,** die Drahtdurchmesser der Primär- und der Sekundärwicklung.

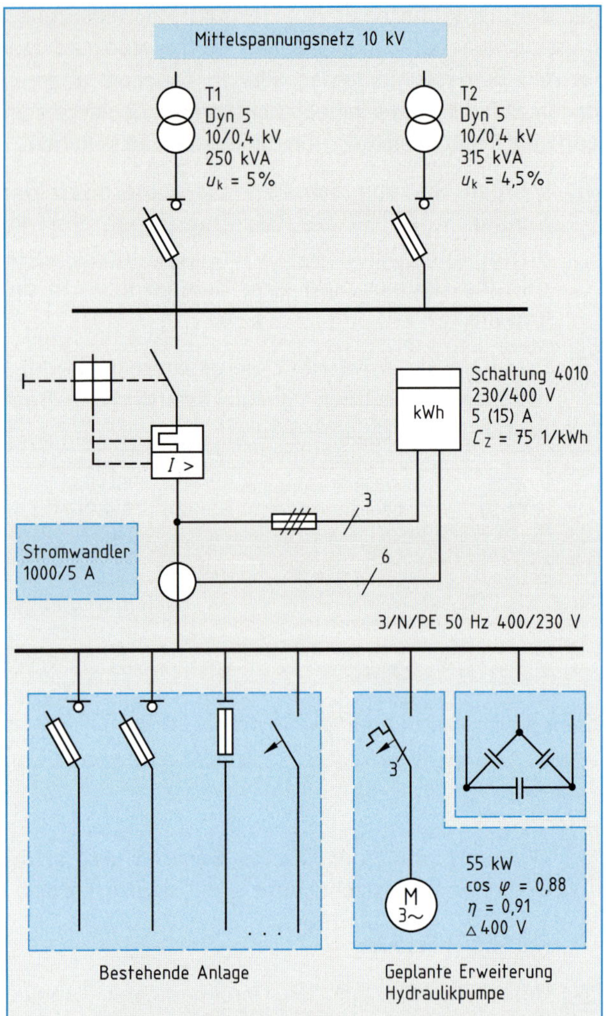

Bild: Übersichtsschaltplan

An einer bestehenden Anlage mit der Bemessungsspannung 230/400 V ist zusätzlich der Anschluss einer Hydraulikpumpe geplant **(Bild)**.

Bei Betrieb der bestehenden Anlage wurden unter Bemessungslast folgende Werte ermittelt:

Netzspannung:	$U = 230/400$ V
Am Stromwandlerausgang:	$I_2 = 3{,}7$ A
Mit dem kWh-Zähler:	12 Umdrehungen der Zählerscheibe in 5 Minuten.

Teil 1: Anlage ohne geplante Erweiterung

1 Berechnen Sie aus den Messwerten bei Bemessungslast in der bestehenden Anlage den Primärstrom I_1 des Stromwandlers.

2 Ermitteln Sie die Scheinleistung S.

3 Wie groß ist die Wirkleistung P?

4 Berechnen Sie den Wirkfaktor cos φ der Anlage.

5 Welche tatsächlichen Einzelbelastungen S_{T1} und S_{T2} stellen sich bei den Transformatoren T1 und T2 ein?

Teil 2: Anlage mit geplanter Erweiterung.

6 Ermitteln Sie, ob die geplante Erweiterung zu einer Überlastung der Transformatoren führt.

7 Überprüfen Sie, ob nach Kompensation der bestehenden Anlage auf cos $\varphi_2 = 0{,}88$ ein Anschluss der Hydraulikpumpe möglich ist.

8 Berechnen Sie für die Transformatoren T1 und T2 die Einzelbelastungen S_{T1} und S_{T2} sowie die Ströme I_{T1} und I_{T2} bei der erweiterten Anlage.

Die elektrische Anlage eines Labors mit isolierendem Fußboden wird überprüft **(Bild)**.

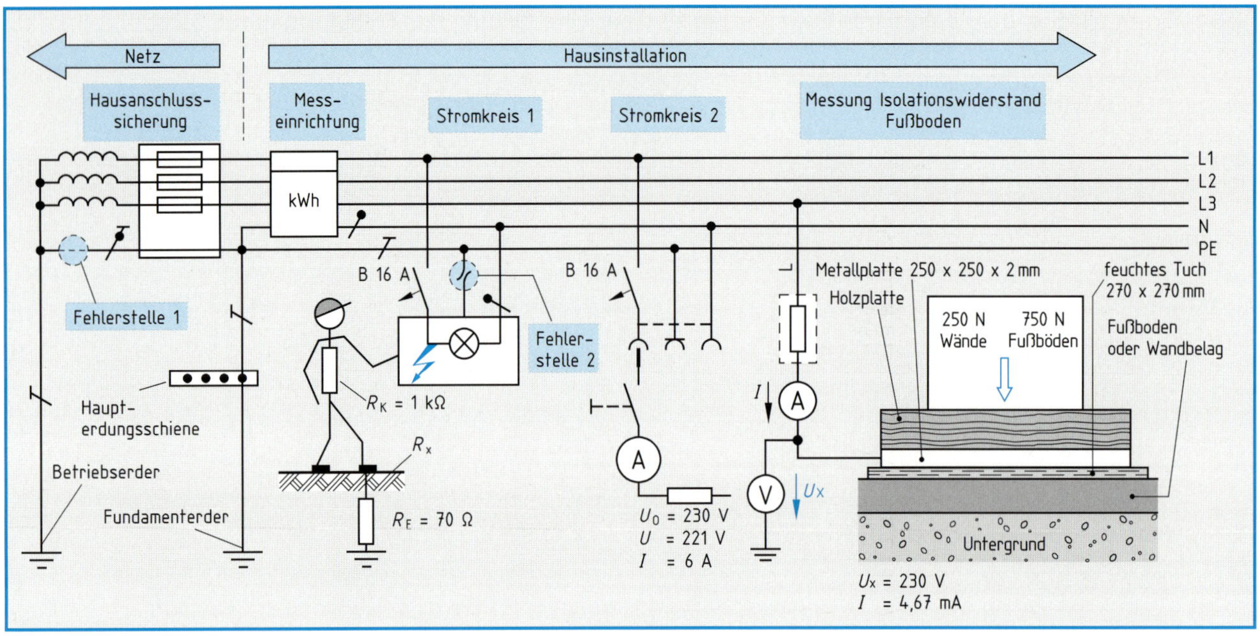

1 Nennen Sie für das Drehstromnetz des Netzbetreibers und für den Bereich der Hausinstallation das angewandte Netzsystem.

2 Bestimmen Sie mit den Angaben aus der Messschaltung den Isolationswiderstand des Fußbodens.

3 Im Stromkreis 1 ist der Schutzleiter gebrochen (Fehlerstelle 2). Berechnen Sie den Fehlerstrom und die Berührungsspannung, wenn in der Leuchte ein widerstandsloser Körperschluss auftritt.

4 Ergänzen Sie die Schaltung zur Bestimmung der Schleifenimpedanz an der Steckdose im Stromkreis 2.

5 Welche Abschaltzeit ist für den Stromkreis 2 nach DIN VDE 0100, Teil 410 zulässig?

6 Löst die Überstrom-Schutzeinrichtung im Stromkreis 2 im Fehlerfall innerhalb der festgelegten Zeit aus?

7 Welches System entsteht im Bereich der Hausinstallation nach einer Unterbrechung an der Fehlerstelle 1?

8 Der PEN-Leiter ist an der Fehlerstelle 1 unterbrochen. Besteht für den Stromkreis 2 bei einem Erdungswiderstand $R_A = 2\ \Omega$ „Schutz gegen elektrischen Schlag unter Fehlerbedingungen"?

Die Zuleitung für einen Einphasen-Wechselstrommotor **(Bild 1)** hat eine Länge l = 54 m. Bestimmen Sie mithilfe des Struktogramms **(Bild 2)** und den Angaben für Verlegeart und Umgebungstemperatur den Leiterquerschnitt.

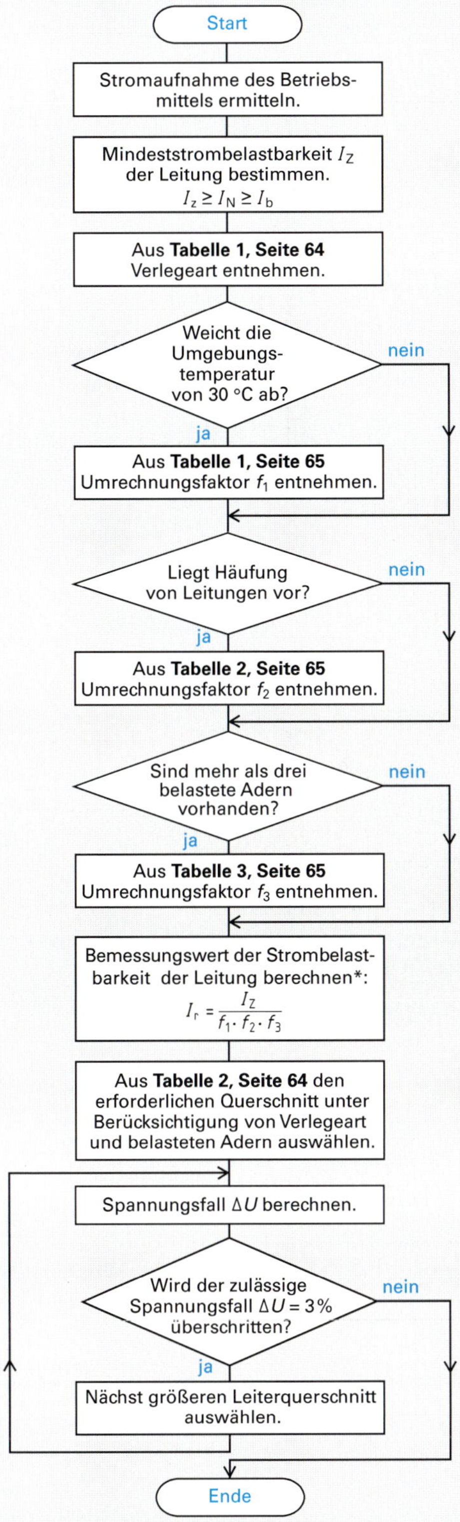

I_b Stromaufnahme des Betriebsmittel
I_r Bemessungswert der Strombelastbarkeit einer Leitung
I_Z Strombelastbarkeit der Leitung
I_N Bemessungsstrom der Überstrom-Schutzeinrichtung
f_1 Umrechnungsfaktor für abweichende Umgebungstemperatur
f_2 Umrechnungsfaktor für Häufung von Leitungen
f_3 Umrechnungsfaktor für vieladrig belastete Leitungen
* Ein nicht benötigter Umrechnungsfaktor ist mit 1 in der Formel einzusetzen.

Bild 2: Struktogramm

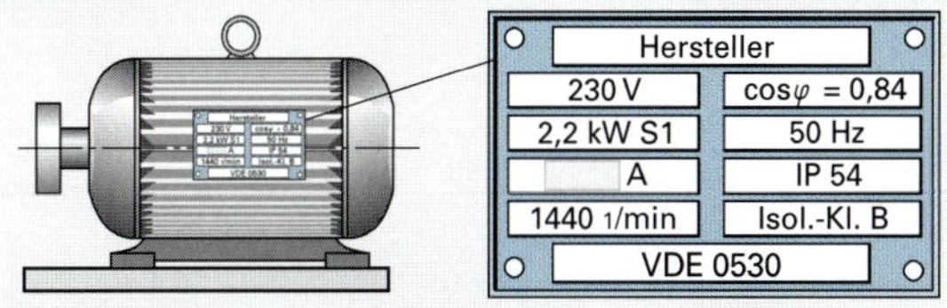

Bild 1: Daten des Wechselstrommotors

Lösungshinweise

Den Spannungsfall berechnet man:

- In unverzweigten Stromkreisen nach der Stromaufnahme des Betriebsmittels,
- in verzweigten Stromkreisen oder in Stromkreisen mit Steckvorrichtungen nach dem Bemessungsstrom der Überstrom-Schutzeinrichtung.

1 Berechnen Sie den Bemessungsstrom des Motors **(Bild 1)** bei einem Wirkungsgrad η = 0,82.Welche Überstrom-Schutzeinrichtung mit 10 A, 13 A oder 16 A ist geeignet?

2 Ermitteln Sie mit den Verlegebedingungen den Bemessungswert der Strombelastbarkeit I_r der Leitung und den erforderlichen Leiterquerschnitt.

Verlegebedingungen

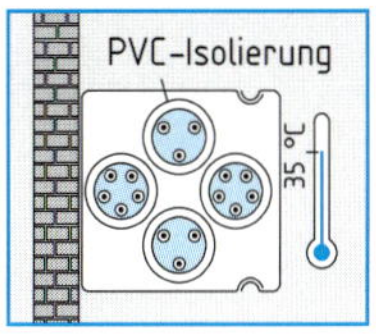

Verlegeart: ______________

Umrechnungsfaktoren:

- für abweichende Umgebungstemperatur f_1 = ______________
- bei Häufung von Leitungen f_2 = ______________
- bei vieladrig belastete Leitungen f_3 = ______________

Gewählter Querschnitt: ______________

4 Bestimmen Sie den zulässigen Spannungsfall Δu.

EUROPA LEHRMITTEL	**Elektrische Anlagen** Elektroinstallation	Aufgabe: **21** Schwierigkeit: ● ● Lösung: Seite 59

In einer Werkstatt ist der Motor einer Antriebseinheit über einen Schalter fest anzuschließen **(Bild)**. Dazu wird eine Mantelleitung im Installationskanal von der Verteilung bis zum Motor auf kürzestem Weg verlegt. Die Leitungsführung erfolgt 30 cm unterhalb der Decke.

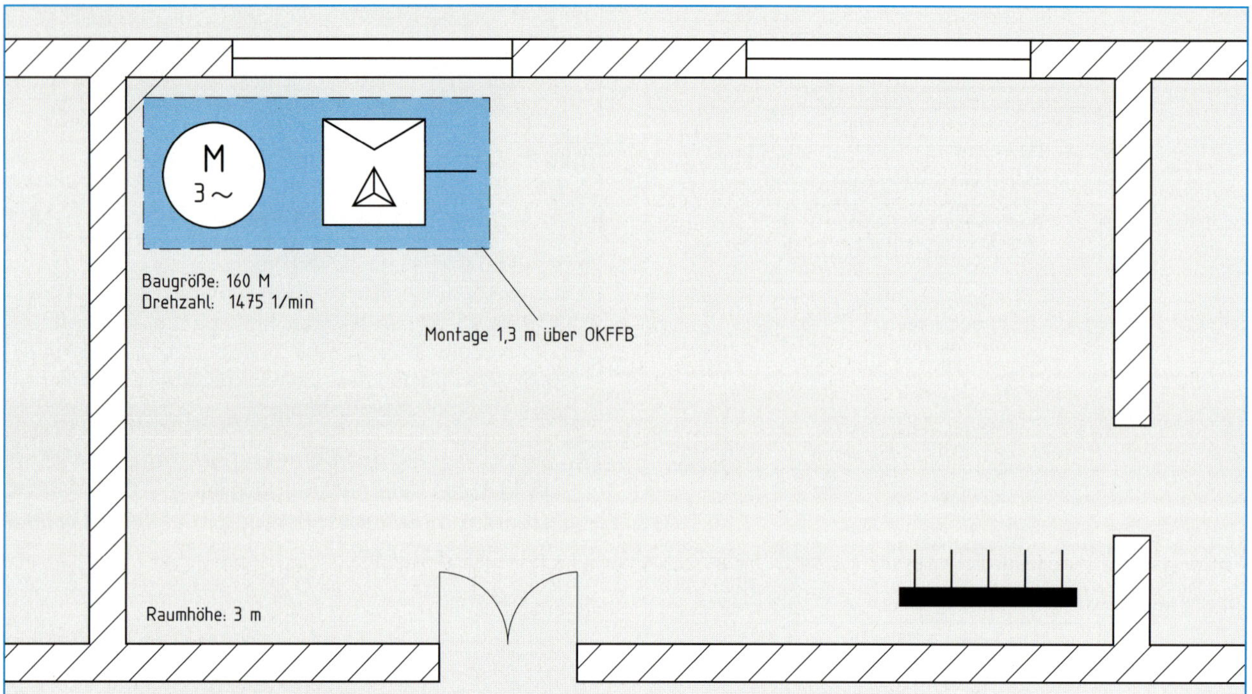

Bild: Grundriss einer Werkstatt (Maßstab 1:100)

1 Zeichnen Sie den Leitungsverlauf in den Grundriss **(Bild)** ein.

2 Geben Sie die Verlegeart mithilfe der Tabelle auf Seite 64 an, und ermitteln Sie die Leitungslänge aus dem Grundriss.

Verlegeart: ______________________ Leitungslänge: ______________________

3 Welches Anlassverfahren wird für den Motor angewendet? ______________________

4 Ergänzen Sie die folgende Tabelle mithilfe der Daten der vorderen Umschlaginnenseite.

Tabelle: Kenndaten Motor

Bemessungsleistung P	Spannung U	Bemessungsstrom I	Wirkungsgrad η	Wirkfaktor

5 Bestimmen Sie den Bemessungsstrom der Motorsicherung (vordere Umschlaginnenseite).

____

6 Welcher Mindestquerschnitt ist für die Mantelleitung bei einer Temperatur von 25 °C zu verlegen? Verwenden Sie die Tabelle auf Seite 64 und überprüfen Sie die Strombelastbarkeit der Leitung.

7 Berechnen Sie den Spannungsfall an der Motorzuleitung in Volt.

8 Nach DIN 18 015 darf bei Leitungen ein höchstzulässiger Spannungsfall zwischen Messeinrichtung und Verbraucher nicht überschritten werden.

a) Kreuzen Sie den maximal erlaubten Spannungsfall in Prozent nach DIN 18 015 an.

☐ $\leq 1\,\%$ ☐ $\leq 1{,}5\,\%$ ☐ $\leq 3\,\%$ ☐ $\leq 4\,\%$

b) Welcher maximale Spannungsfall in Volt ergibt sich in einem 400-V-Netz?

____

9 Berechnen Sie die zulässige Leitungslänge zwischen Verteilung und Motor gemäß Aufgabe 8.

10 Berechnen Sie den Leistungsverlust an der Motorzuleitung in W und in %.

11 Erstellen Sie für den Installationsauftrag eine Materialliste.

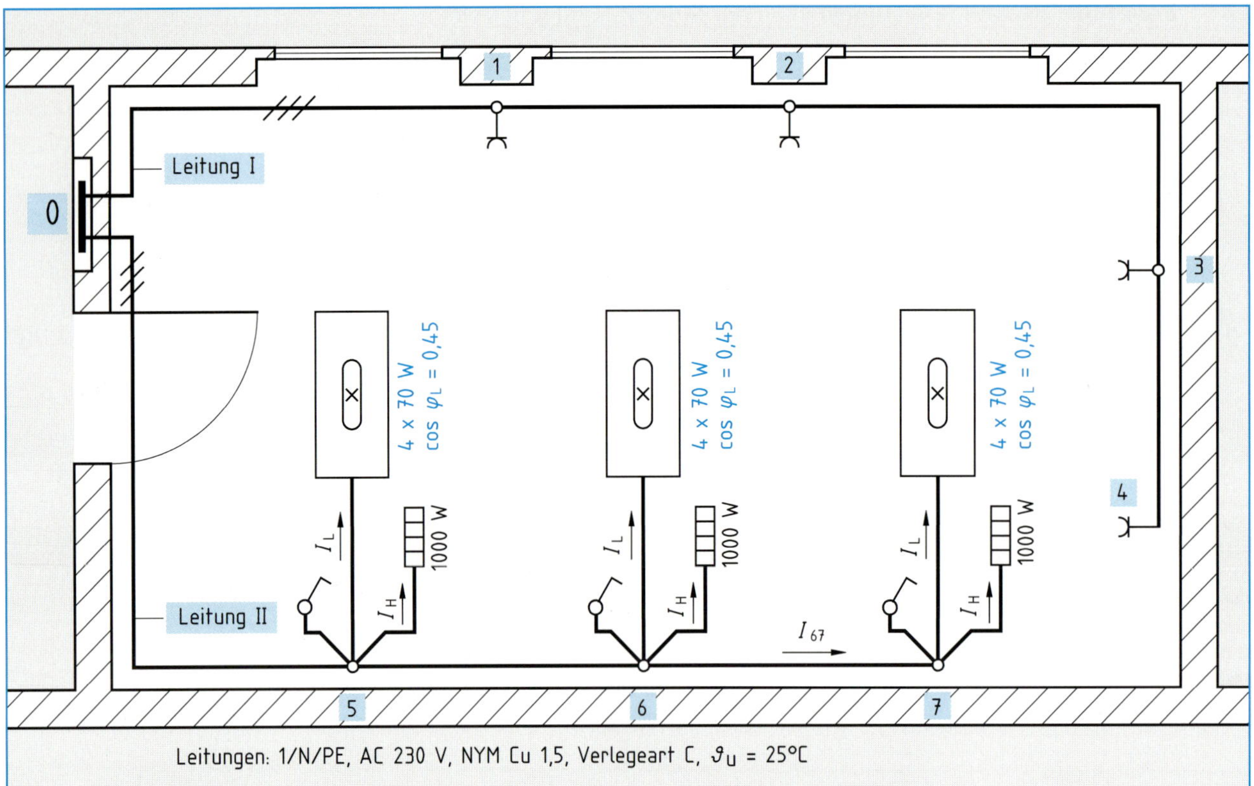

Bild: Installationsplan mit den verzweigten Leitungen I und II (Maßstab 1:50)

Gegeben ist ein Installationsplan im Maßstab 1:50 mit den beiden verzweigten Leitungen I und II **(Bild)**. Die Hauptleitungen der beiden Stromkreise sind in 2,7 m Höhe über dem Fußboden waagrecht verlegt. Die Steckdosen befinden sich 0,30 m, der Verteiler 1,6 m über dem Fußboden.

> **Der Spannungsfall bzw. Leistungsverlust an einer verzweigten Leitung** kann ermittelt werden über
> - die Längen der Leitungsabschnitte zwischen benachbarten Punkten (z. B. Punkt 0 und 1) und
> - die in diesen Abschnitten übertragenen Gesamtströme oder Gesamtwirkleistungen und
> - die Spannungsfälle bzw. Leistungsverluste an diesen Abschnitten.
>
> **Zweigströme, die gegeneinander phasenverschoben** sind (z. B. I_H und I_L in Punkt 7), werden geometrisch addiert.

Die Leitung I (Punkt 0 bis Punkt 4, Bild) ist mit $I_N = 16$ A abgesichert. Nehmen Sie für die folgende Teilaufgabe an, dass die letzte Steckdose (Punkt 4) allein mit dem Gesamtstrom 16,0 A bei $\cos \varphi = 1{,}0$ belastet ist.

1 Wie groß sind bis zur letzten Steckdose **(Punkt 0 bis Punkt 4, Bild)** die gesamte Leitungslänge und der Spannungsfall in V und in %?

Nehmen Sie nun für die 3 folgenden Teilaufgaben an, dass die 4 Steckdosen in Leitung I gleichzeitig mit jeweils 4,0 A bei $\cos \varphi = 1{,}0$ belastet werden.

2 Ermitteln Sie aus dem **Bild** die Längen der 4 Leitungsabschnitte zwischen dem Verteiler (Punkt 0) und der letzten Steckdose (Punkt 4). Berechnen Sie die Gesamtströme in diesen 4 Abschnitten.

Längen:	l_{01} = ________ **m;**	l_{12} = ________ **m;**	l_{23} = ________ **m;**	l_{34} = ________ **m**
Ströme:	I_{01} = ________ **A;**	I_{12} = ________ **A;**	I_{23} = ________ **A;**	I_{34} = ________ **A**

Elektrische Anlagen
Verzweigte Leitungen (Fortsetzung)

Aufgabe: 22
Schwierigkeit: ●●●
Lösung: Seite 60

3 Berechnen Sie daraus den Spannungsfall in V und in % bis zur letzten Steckdose (Punkt 4).

4 Wie groß ist der Leistungsverlust in W und in % bis zur letzten Steckdose (Punkt 4)?

Die Leitung II (Punkt 0 bis Punkt 7, Bild) ist mit $I_N = 20$ A abgesichert. Für die folgenden 3 Teilaufgaben ist anzunehmen, dass alle angeschlossenen Verbraucher gleichzeitig in Betrieb sind.

5 Ermitteln Sie aus dem **Bild** die Längen der 3 Leitungsabschnitte bis Punkt 7 und die in diesen Abschnitten übertragenen Gesamtwirkleistungen.

Längen: l_{05} = ____________ **m**; l_{56} = ____________ **m**; l_{67} = ____________ **m**

Leistungen: P_{05} = ____________ **W**; P_{56} = ____________ **W**; P_{67} = ____________ **W**

6 Berechnen Sie den Spannungsfall in V und in % bis zur letzten Verzweigung (Punkt 7).

7 Ermitteln Sie durch geometrische Additon (1 A ≙ 1 cm) der Ströme I_H und I_L den Strom I_{67} im dritten Leitungsabschnitt (Punkt 6 bis Punkt 7). Reicht der verlegte Querschnitt unter den gegebenen Bedingungen **(Bild)** nach DIN VDE 0298 aus?

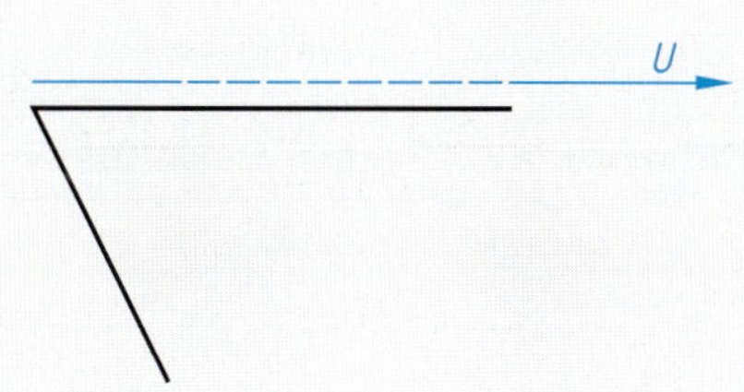

Bild: Diagramm zu Teilaufgabe 7

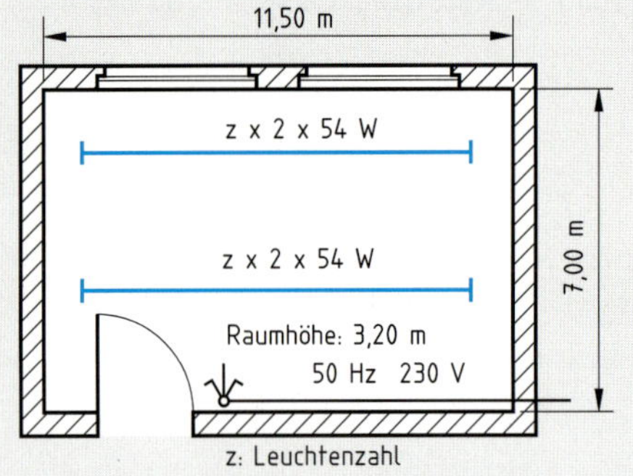

Bild: Klassenraum

Ein Klassenraum **(Bild)** soll mit Leuchtstofflampen beleuchtet werden. Vorgesehen sind zwei gleich lange Lichtbänder an der Raumdecke parallel zur Fensterfront. Es werden zweilampige, direkt tiefstrahlende prismatische Wannenleuchten, bestückt mit Leuchtstofflampen 54 W, in Duoschaltung verwendet. Die Lichtfarbe ist Tageslichtweiß.

Die Arbeitsebene der Schreibtische befindet sich in 0,75 m Höhe über dem Fußboden. Die Raumdecke ist weiß, die Wände erhalten einen hellgrünen Anstrich. Der Boden hat einen Reflexionsgrad von 0,3. Geforderte Mindestbeleuchtungsstärke: 500 lx.

Tabelle 1: Reflexionsgrade von Farben und Werkstoffen

Farbe, Anstrich	Reflexionsgrad ϱ	Werkstoff	Reflexionsgrad ϱ
weiß	0,70 ... 0,80	Kacheln, weiß	0,60 ... 0,75
gelb	0,65 ... 0,75	Holz, hell	0,40 ... 0,50
rosa, hellblau	0,45 ... 0,55	Holz, dunkel	0,10 ... 0,15
hellbraun	0,25 ... 0,35	Mörtel, hell	0,35 ... 0,55
hellgrün	0,25 ... 0,35	Mörtel, dunkel	0,20 ... 0,30
mittelgrau	0,20 ... 0,25	Sichtbeton	0,20 ... 0,40
dunkelgrün, -blau, -rot	0,10 ... 0,15	Ziegel, rot	0,15 ... 0,25
		Teerbelag	0,05 ... 0,15

Tabelle 2: Wartungsfaktoren *WF**

WF	Anwendung, Beispiele
0,8	sehr saubere Räume, geringe Nutzungszeit, z. B. Elektronikfertigung
0,67	saubere Räume, z. B. Büros, Schulen, Wohn- und Verkaufsräume
0,57	Räume mit normaler Verschmutzung, z. B. Industrie und Handwerk

*Referenzwerte, Wartungsintervall 3 Jahre

Tabelle 3: Leuchtenbetriebswirkungsgrade und Raumwirkungsgrade

Lichtstärkeverteilungskurven bei 1000 lm	Leuchtenart (Beispiele)		Leuchtenbetriebswirkungsgrad η_{LB} in %	Reflexionsgrade ϱ									
				Decke ϱ_1	0,8				0,5				0,3
				Wände ϱ_2	0,5		0,3		0,5		0,3		0,3
				Boden ϱ_3	0,3	0,1	0,3	0,1	0,3	0,1	0,3	0,1	0,1
direkt, tief strahlend				Raumindex k	Raumwirkungsgrad η_R in %								
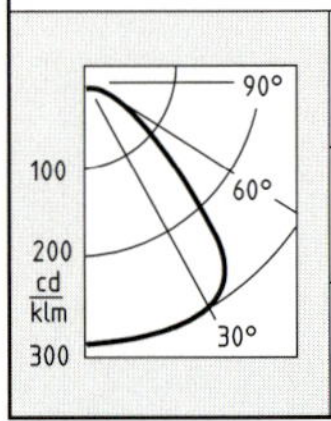	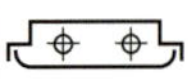	Wanne prismatisch	60	0,6	52	49	43	42	49	48	42	41	41
				1,0	73	67	64	60	69	65	61	59	58
	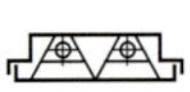	Spiegelraster breit strahlend	60	1,5	89	81	81	75	83	78	77	73	72
				2,0	97	86	89	81	90	83	84	79	78
	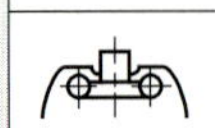	Spiegelreflektor mehrlampig	75	3,0	107	94	101	90	99	91	94	88	86
				5,0	116	100	111	97	106	96	102	94	93

Tabelle 4: Lampendaten für Leuchtstofflampen 230 V in Stabform, T5 (Φ16 mm), Sockel G5

Leistung *P* in W	Leistungsaufnahme mit EVG* *P* in W	Lichtfarbe	Lichtstrom Φ in lm	Röhrenlänge in mm	Leistung *P* in W	Leistungsaufnahme mit EVG* *P* in W	Lichtfarbe	Lichtstrom Φ in lm	Röhrenlänge in mm
24	28	ww	1750	549	54	59	tw	4450	1149
39	42	tw	3100	849	80	85	nw	6150	1449

Lichtfarben: tw = Tageslichtweiß, nw = Neutralweiß, ww = Warmweiß   *Elektronisches Vorschaltgerät

1 Ermitteln Sie den Raumindex *k* des Klassenraumes.

2 Ermitteln Sie den Leuchtenbetriebswirkungsgrad und den Raumwirkungsgrad.

3 Bestimmen Sie die Lampenzahl für die geforderte Mindestbeleuchtungsstärke.

4 Legen Sie die zu installierende Zahl von Leuchten je Lichtband fest.

5 Welche mittlere Beleuchtungsstärke ist bei der installierten Lampenzahl im Neuzustand gegeben?

6 Berechnen Sie die Stromaufnahme bei $\cos \varphi = 0{,}97$ der Beleuchtungsanlage.

7 Ermitteln Sie die monatlichen Betriebskosten, wenn die Beleuchtung an 20 Arbeitstagen jeweils 4 Stunden eingeschaltet ist und der Arbeitspreis 0,19 €/kWh beträgt.

Elektrische Anlagen
Antennenanlage

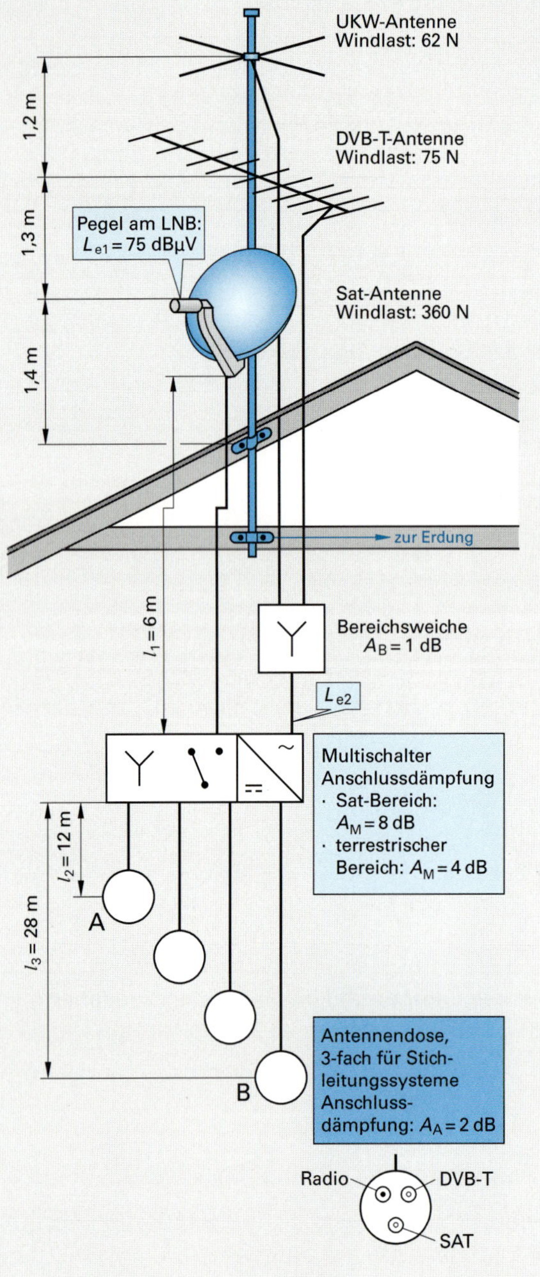

Kabeldämpfung A'_K in dB/100 m	
Frequenz	Dämpfung
100 MHz	8,4 dB
200 MHz	12,2 dB
500 MHz	20 dB
1000 MHz	29,4 dB
1250 MHz	32 dB
1750 MHz	40 dB

Antennenpegel in dBµV	
Mindestpegel:	
UKW	40 (Mono), 50 (Stereo)
DVB-T	26 … 54
SAT	47
Maximalpegel:	
UKW	70
DVB-T	74
SAT	77

Bild: Antennenanlage

Es soll eine Pegel- und Windlastberechnung bei einer Antennenanlage **(Bild)** durchgeführt werden.

1 Wie hoch ist der Pegel in mV am LNB?

2 Berechnen Sie die Dämpfung vom Multischalter bis zur Antennensteckdose A im UKW-Bereich.

3 Bestimmen Sie den Antennenpegel an der Antennensteckdose B im SAT-Bereich ab LNB.

4 Wird der Maximalpegel im SAT-Bereich überschritten?

5 Wie groß ist das Biegemoment an der oberen Einspannstelle?

Messtechnik
Indirekte Widerstandsermittlung

Aufgabe: **25**
Schwierigkeit: ••
Lösung: Seite 60

Die Daten eines Metallfilmwiderstandes **(Bild 1)** der E 48-Reihe sind durch Messung (Schaltungen **Bild 2** und **Bild 3**) zu überprüfen. Der Spannungsmesser hat die Kenngröße r_k = 20 kΩ/V und den Messbereich b_{iV} = 10 V. Am Strommesser entsteht bei Vollausschlag b_{iA} = 10 mA der Spannungsfall U_{iA} = 450 mV.

i r_k: Kenngröße, z. B. r_k = 20 kΩ/V. Messbereich b_{iV} = 10 V ⇒ Innenwiderstand des Spannungsmessers: R_{iV} = 200 kΩ

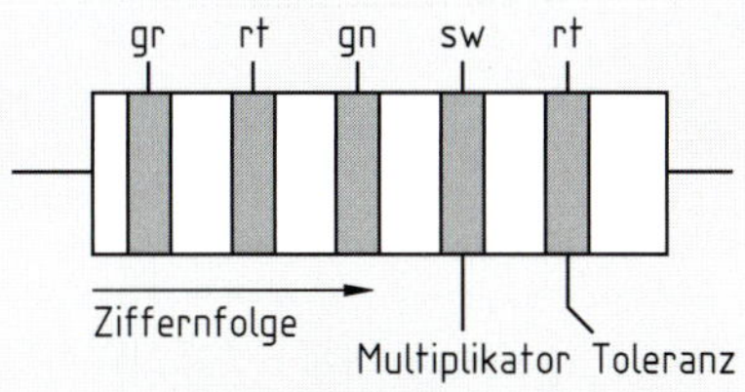

Bild 1: Widerstand mit Farbcode

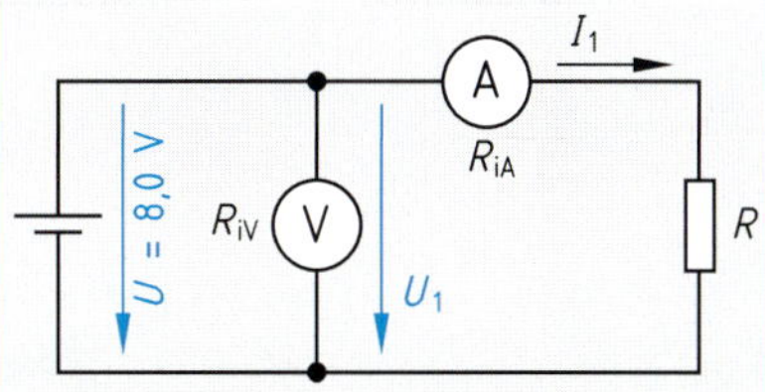

Bild 2: Spannungsfehlerschaltung

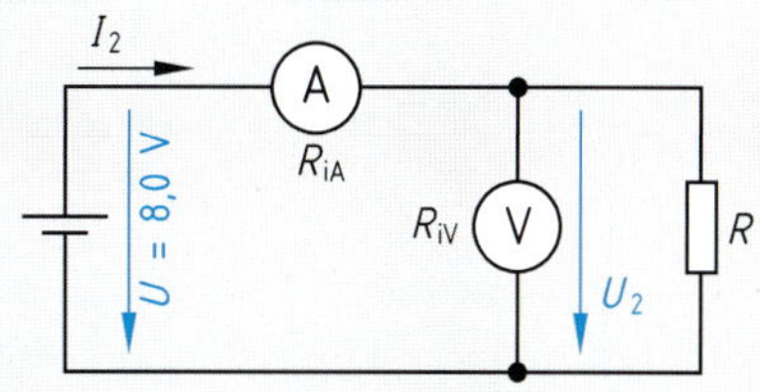

Bild 3: Stromfehlerschaltung

Tabelle: Farbkennzeichnung von Widerständen (Ausschnitt)

Farbring	silber (ag)	gold (au)	schw. (sw)	braun (br)	rot (rt)	orange (or)	gelb (gb)	grün (gn)	blau (bl)	violett (vl)	grau (gr)	weiß (ws)
Ziffer	–	–	0	1	2	3	4	5	6	7	8	9
Multiplikator	10^{-2}	10^{-1}	10^0	10^1	10^2	10^3	10^4	10^5	10^6	10^7	10^8	10^9
Toleranz in %	±10	±5	–	±1	±2	–	–	±0,5	±0,25	±0,1	–	–

1 Ermitteln Sie mithilfe der **Tabelle** den Wert des Widerstandes **Bild 1** und die Toleranz.

Widerstandswert: ______________________ **Toleranz:** ______________________

2 In der Schaltung **Bild 2** zeigen die Messgeräte U_1 = 8,00 V und I_1 = 9,10 mA an. Berechnen Sie daraus den Näherungswert R_1 des Widerstandes. Ermitteln Sie dann den tatsächlichen Wert R des Widerstandes.

3 In der Schaltung **Bild 3** liest man an denselben Messgeräten U_2 = 7,59 V und I_2 = 9,14 mA ab. Berechnen Sie daraus den Näherungswert R_2 und dann den tatsächlichen Wert R des Widerstandes.

4 Bestimmen Sie die zulässigen Fehlergrenzen R_o und R_u des Widerstandswertes aus **Frage 1**. Untersuchen Sie, welche der in **Frage 2** und **Frage 3** berechneten Widerstandswerte außerhalb dieser Fehlergenzen liegen.

Messtechnik
Auswertung eines Oszillogramms

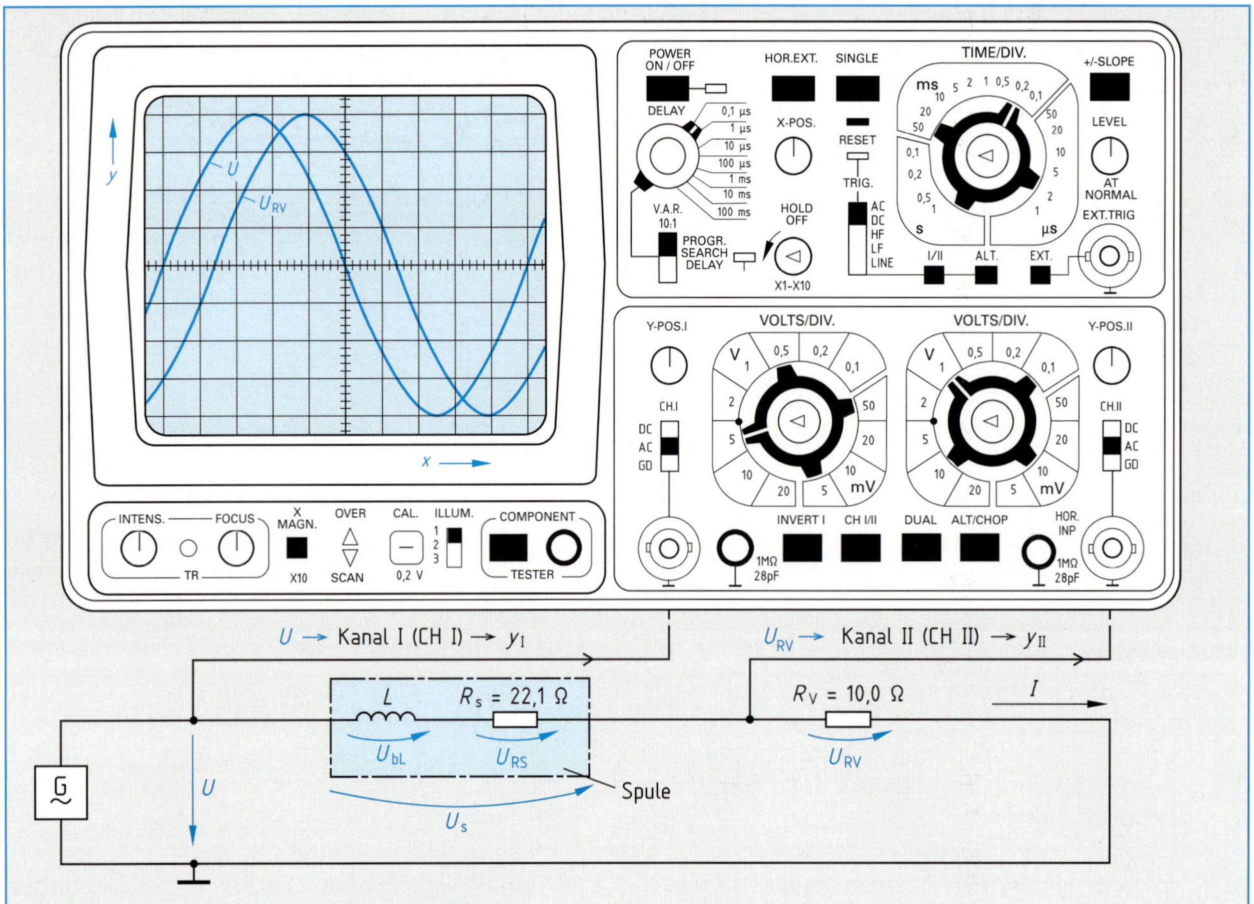

Bild: Messen mit dem Zweikanal-Oszilloskop

1 DIV = 1 Rastereinheit des Oszilloskopschirms, meist 1 cm
A_x = Ablenkkoeffizient für die Zeitablenkung in x-Richtung, z. B. A_x = 0,2 ms/DIV
A_{yI}, A_{yII} = Ablenkkoeffizienten für die y-Ablenkungen durch die Spannungen an Kanal I (CH I) bzw. Kanal II (CH II), z. B. A_{yI} = 5 V/DIV bzw. A_{yII} = 1 V/DIV
Im Zeigerdiagramm stehen die Zeiger von Blindspannungen und Wirkspannungen senkrecht aufeinander, wie z. B. in Teilaufgabe 6 U_{bL} senkrecht auf U_{RV} und U_{RS}.

Die Reihenschaltung aus Vorwiderstand R_V = 10,0 Ω und Spule ohne Eisenkern mit dem Wirkwiderstand R_S = 22,1 Ω liegt an einer sinusförmigen Wechselspannung **(Bild)**. Mit einem Oszilloskop wird der zeitliche Verlauf der Spannung U_{RV} am Vorwiderstand R_V und der Spannung U an der gesamten Reihenschaltung angezeigt **(Bild)**.

1 Ermitteln Sie die Ablenkkoeffizienten des Oszilloskops **(Bild)**: A_x für die Zeit t, A_{yI} an Kanal I (CH I) für die Spannung U an der Reihenschaltung, A_{yII} an Kanal II (CH II) für die Spannung U_{RV} am Vorwiderstand R_V.

A_x = ______________ ms/DIV A_{yI} = ______________ V/DIV A_{yII} = ______________ V/DIV

2 Ermitteln Sie mithilfe des Oszillogramms **(Bild)** den Scheitelwert $\hat{u}$ und den Effektivwert U der Spannung an der Reihenschaltung sowie den Scheitelwert $\hat{u}_{RV}$ und den Effektivwert U_{RV} der Spannung am Vorwiderstand R_V.

3 Wie groß sind die Periodendauer T und die Frequenz f der beiden Wechselspannungen?

Messtechnik
Auswertung eines Oszillogramms (Fortsetzung)

4 Ermitteln Sie die Phasenverschiebung φ in Grad und Radiant zwischen der Spannung U an der gesamten Reihenschaltung und der Spannung U_{RV} am Vorwiderstand R_V.

5 Berechnen Sie unter Verwendung von R_V den Effektivwert I des Stromes in der Reihenschaltung und daraus den Effektivwert U_{RS} der Teilspannung am Spulenwiderstand R_S.

6 Konstruieren Sie das Zeigerdiagramm der Spannungen U, U_{RV} und U_{RS} (Maßstab: 2,0 V ≙ 1 cm).

7 Bestimmen Sie mithilfe des Zeigerdiagramms aus **Teilaufgabe 6** die induktive Blindspannung U_{bL} der Spule.

Zeigerlänge: ________ **cm** ⇒ U_{bL} = ____________ **V**

8 Ergänzen Sie das Zeigerdiagramm von **Teilaufgabe 6** durch den Zeiger U_S der Spannung an der Spule. Welchen Wert hat die Spannung U_S?

Zeigerlänge: ________ **cm** ⇒ U_S = ____________ **V**

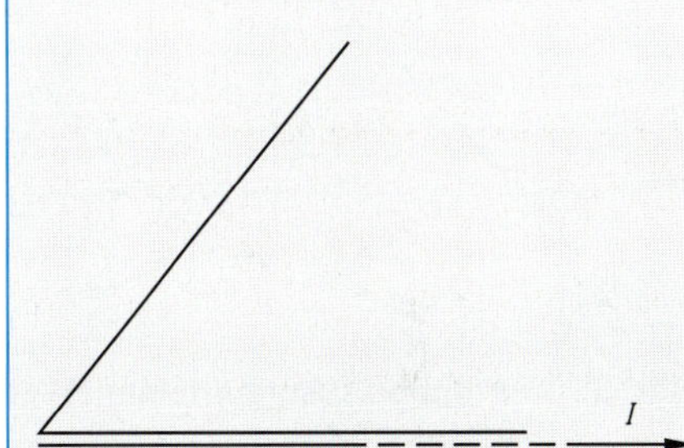

Bild: Diagramm zu Teil 6 und Teil 7

9 Bestimmen Sie die Teilspannungen U_{bL} und U_S durch Rechnung.

10 Berechnen Sie den induktiven Blindwiderstand X_L und daraus die Induktivität L der Spule.

Regelungstechnik
Regelkreis mit Proportionalregler

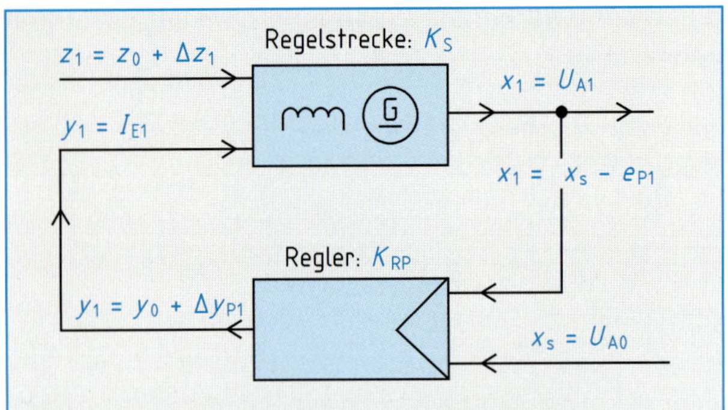

Bild 1: Regelkreis mit Proportionalregler

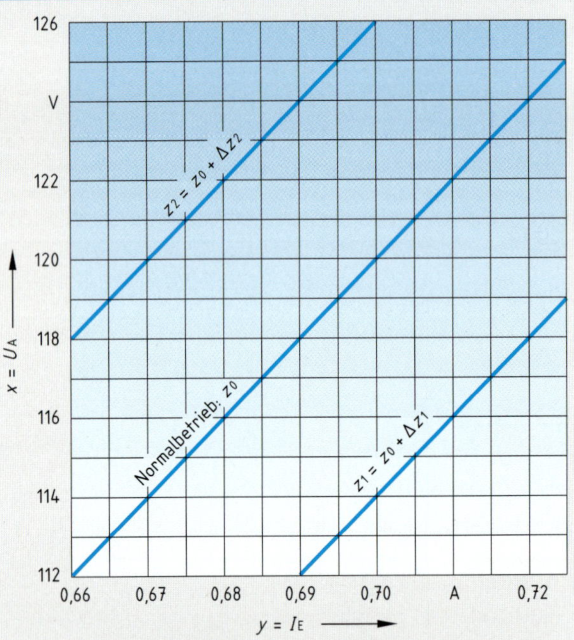

Bild 2: Kennlinienausschnitt der Regelstrecke für die Störgrößen z_0, z_1 und z_2

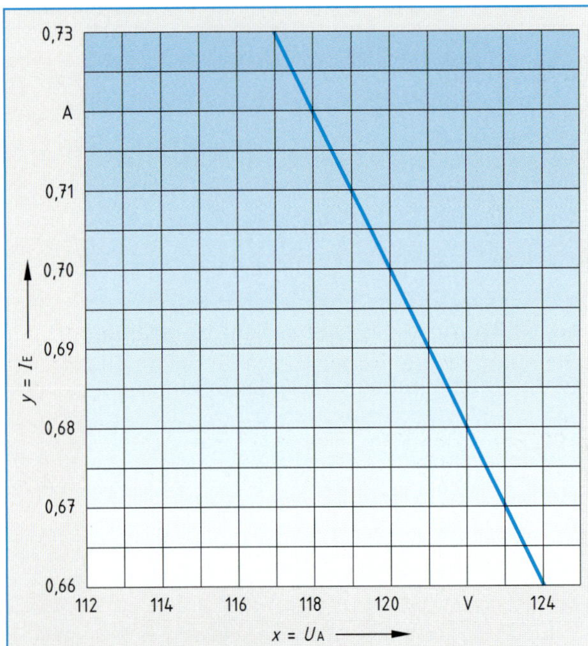

Bild 3: Kennlinienausschnitt des Proportionalreglers

Ein Regelkreis **(Bild 1)** besteht aus einem fremderregten Gleichstromgenerator mit konstanter Drehzahl als Regelstrecke und einem Proportionalregler (P-Regler). Regelgröße x ist die Ankerspannung U_A, Stellgröße y der Erregerstrom I_E, Störgröße z der Ankerstrom I_A.

Zunächst läuft der Generator im Normalbetrieb. Dabei ist der Ankerstrom $z_0 = 12{,}0$ A, der Erregerstrom gleich y_0, die Ankerspannung gleich dem Sollwert x_S.

Dann steigt der Ankerstrom wegen einer höheren Belastung des Generators um $\Delta z_1 = +4{,}0$ A auf $z_1 = 16{,}0$ A. Ohne Regelung würde die Ankerspannung um die Regeldifferenz e_{z1} abnehmen und die Stellgröße y_0 nicht verändern. Durch die Regelung nimmt die Stellgröße Δy_{P1} zu; die Regelgröße unterscheidet sich nur um die bleibende Regeldifferenz e_{P1} vom Sollwert x_S.

x	Regelgröße, hier Ankerspannung U_A
x_S	Sollwert der Regelgröße
y	Stellgröße, hier Erregerstrom I_E
z	Störgröße, hier Ankerstrom I_A
K_S	Übertragungsbeiwert der Regelstrecke
K_{RP}	Übertragungsbeiwert des Reglers
$P(x\|y)$	Arbeitspunkt des Reglers, Schnittpunkt der Kennlinien
V	Kreisverstärkung ($V = K_S \cdot K_{RP}$)
e_z	Regeldifferenz ohne Regelung
e_P	bleibende Regeldifferenz mit Regelung
R	Regelfaktor ($R = e_P/e_z$)

Bei der Berechnung der Regeldifferenzen zieht man grundsätzlich die geänderten x-Werte vom Sollwert x_S ab ($e = x_S - x$).

1 Ermitteln Sie mithilfe von **Bild 2** die Regeldifferenz e_{z1}, die durch Δz_1 ohne Regelung entstehen würde.

2 Ermitteln Sie mithilfe von **Bild 2** den Übertragungsbeiwert K_S der Regelstrecke.

3 Ermitteln Sie mithilfe der Kennlinie **Bild 3** den Übertragungsbeiwert K_{RP} des P-Reglers.

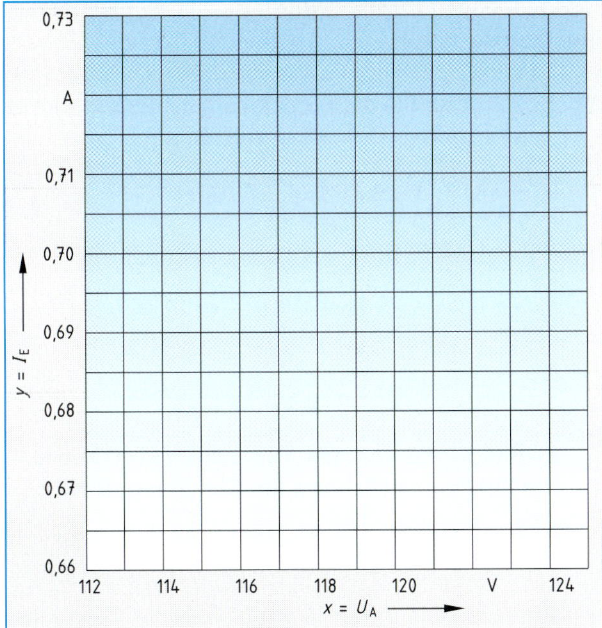

Bild 4: Arbeitspunkte des Reglers

4 Wie groß ist die Kreisverstärkung V des Regelkreises?

5 Zeichnen Sie die Kennlinie des Reglers **(Bild 3)** in das Koordinatensystem **Bild 4**.

6 Zeichnen Sie die Kennlinien der Regelstrecke für die Störgrößen z_0 und z_1 **(Bild 2)** in das Koordinatensystem **Bild 4**. Tragen Sie dabei die y-Koordinaten senkrecht und die x-Koordinaten waagrecht ab.

7 Ermitteln Sie in **Bild 4** für die Störgröße z_0 (Normalbetrieb) den Arbeitspunkt $P0(x_S|y_0)$ des Reglers, den Sollwert x_S und die Stellgröße y_0.

8 Ermitteln Sie dann in **Bild 4** für die Störgröße z_1 den Arbeitspunkt $P(x_1|y_1)$, die Regelgröße x_1 und die Stellgröße y_1.

9 Wie groß sind die Änderung Δy_{P1} der Stellgröße und die bleibende Regeldifferenz e_{P1}, die sich bei der Verschiebung des Arbeitspunkts von P0 nach P1 **(Bild 4)** ergeben?

10 Berechnen Sie den Regelfaktor R für den gegebenen Regelkreis.

11 Der Generator wird nun entlastet. Dabei ändert sich der Ankerstrom gegenüber dem Normalbetrieb um $\Delta z_2 = -4{,}0$ A auf den Wert $z_2 = 8{,}0$ A. Übertragen Sie die Kennlinie der Regelstrecke für z_2 von **Bild 2** nach **Bild 4**. Verfahren Sie dabei wie in **Teilaufgabe 6**.

12 Ermitteln Sie für die Störgröße z_2 den Arbeitspunkt $P2(x_2|y_2)$ des Reglers, die Regelgröße x_2 und die Stellgröße y_2. Wie groß sind die Stellgrößenänderung Δy_{P2} und die bleibende Regeldifferenz e_{P2} gegenüber dem Normalbetrieb (Arbeitspunkt P0)?

Digitaltechnik
Analyse von Binärschaltungen

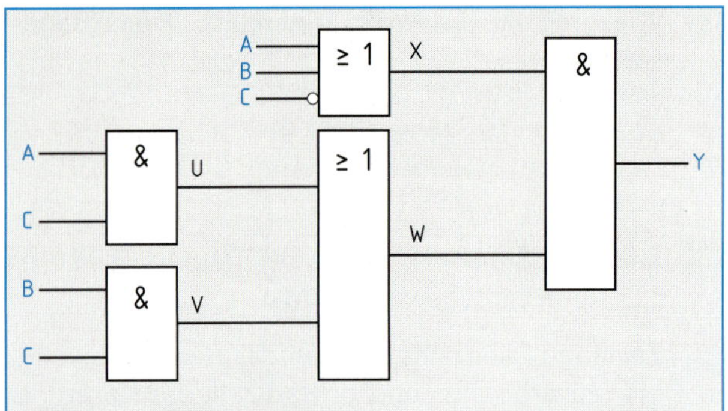

Bild: Funktionsplan

Für den Funktionsplan **(Bild)** ist die Funktionsgleichung zu ermitteln.

1 Bestimmen Sie die Funktionsgleichungen für die Teilfunktionen U, V, W und X **(Bild)**.

Tabelle 1: Funktionsgleichungen
U =
V =
W =
X =

Tabelle 2: Wertetabelle

C	B	A	U	V	W	X	Y
0	0	0					
0	0	1					
0	1	0					
0	1	1					
1	0	0					
1	0	1					
1	1	0					
1	1	1					

2 Ermitteln Sie aus den Teilfunktionen **(Tabelle 1)** die Funktionsgleichung der Schaltung **(Bild)**.

Y = ______

3 Ergänzen Sie in der Wertetabelle die Ausgangszustände für die Teilfunktionen U, V, W und X sowie für den Ausgang Y **(Tabelle 2)**.

4 Entnehmen Sie der Wertetabelle die Funktionsgleichung der Schaltung in disjunktiver Normalform.

Y = ______

5 Minimieren Sie die gefundene Funktionsgleichung.

Tabelle 3: TTL-Bausteine

Typ	Anschlussbelegung
7400	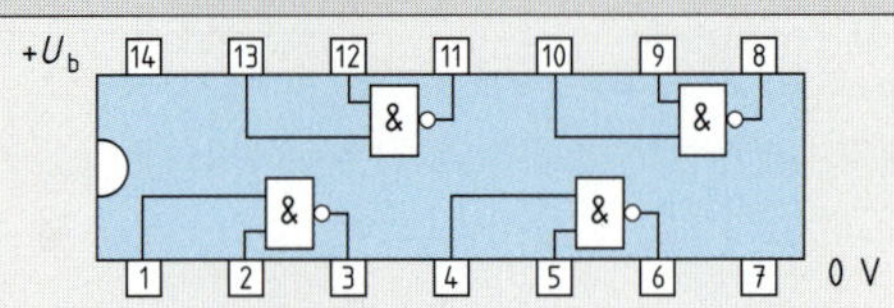
7402	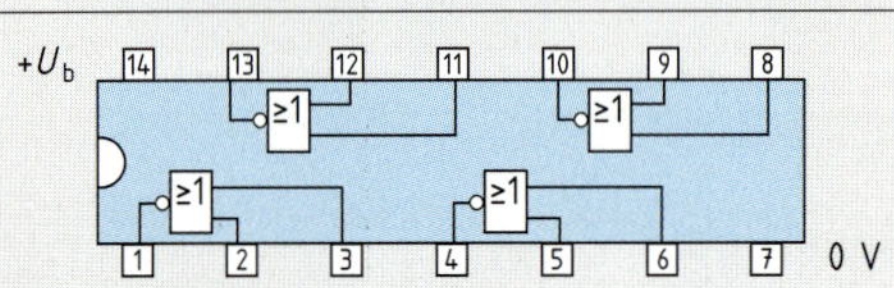
Betriebsspannung: $+U_b$ (VCC) an Pin 14; 0 V (GND) an Pin 7	

6 **a)** Zeichnen Sie den Funktionsplan der minimierten Funktionsgleichung. **b)** Formen Sie dann die minimierte Funktionsgleichung mithilfe der de Morganschen Gesetze um und realisieren Sie die Schaltung nur mit NAND- oder nur mit NOR-Verknüpfungen. Übertragen Sie die Anschlussbelegung der Verknüpfungen aus **Tabelle 3** in den Funktionsplan.

a) A B C

b) A B C

Elektronik
Arbeitspunkteinstellung beim Transistor

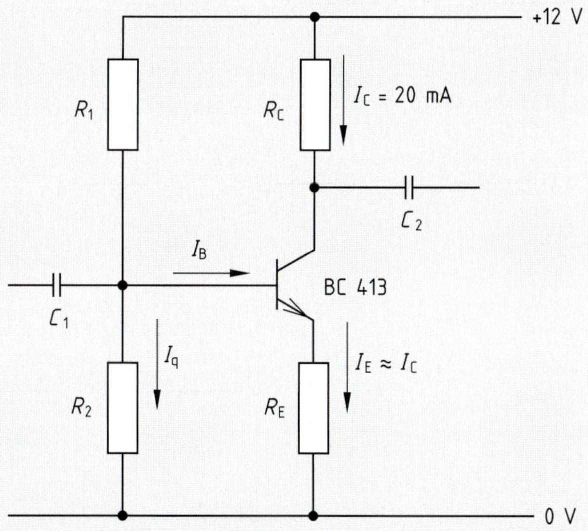

Bild 1: Emitterschaltung

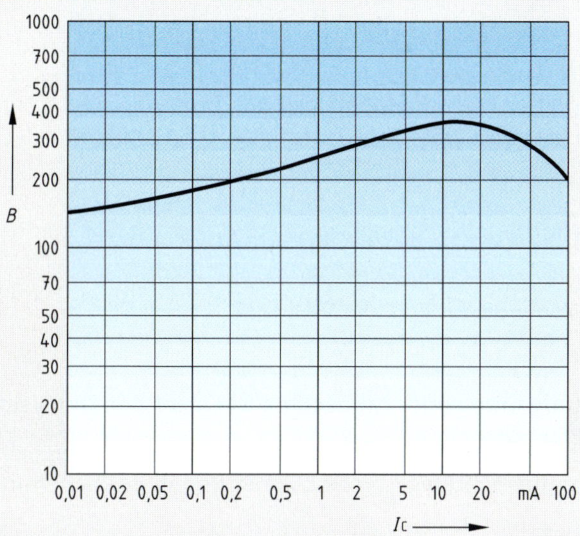

Bild 2: Stromverstärkungskennlinie

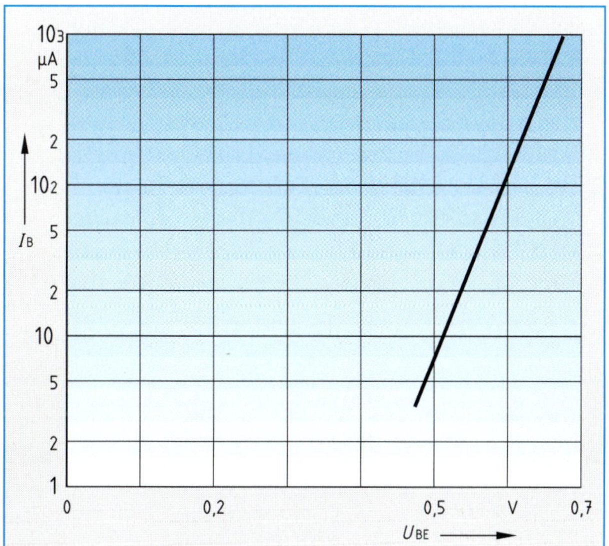

Bild 3: Eingangskennlinie

Bei der Arbeitspunkteinstellung des NF-Verstärkers in Emitterschaltung **(Bild 1)** soll an R_E die Spannung $U_{RE} = 1\,V$ abfallen. U_{RC} soll halb so groß wie die Betriebsspannung U_b sein. Das Querstromverhältnis beträgt $q = 5$.

1 Welche Funktion hat der Widerstand R_E?

2 Dimensionieren Sie aus der Reihe E 24 (vordere Umschlaginnenseite) die Widerstandswerte R_C, R_E, R_2 und R_1 der Transistorschaltung aus **Bild 1**.

Elektronik
Netzgerät mit Transistor und Z-Diode

Aufgabe:	**30**
Schwierigkeit:	••
Lösung: Seite 62	

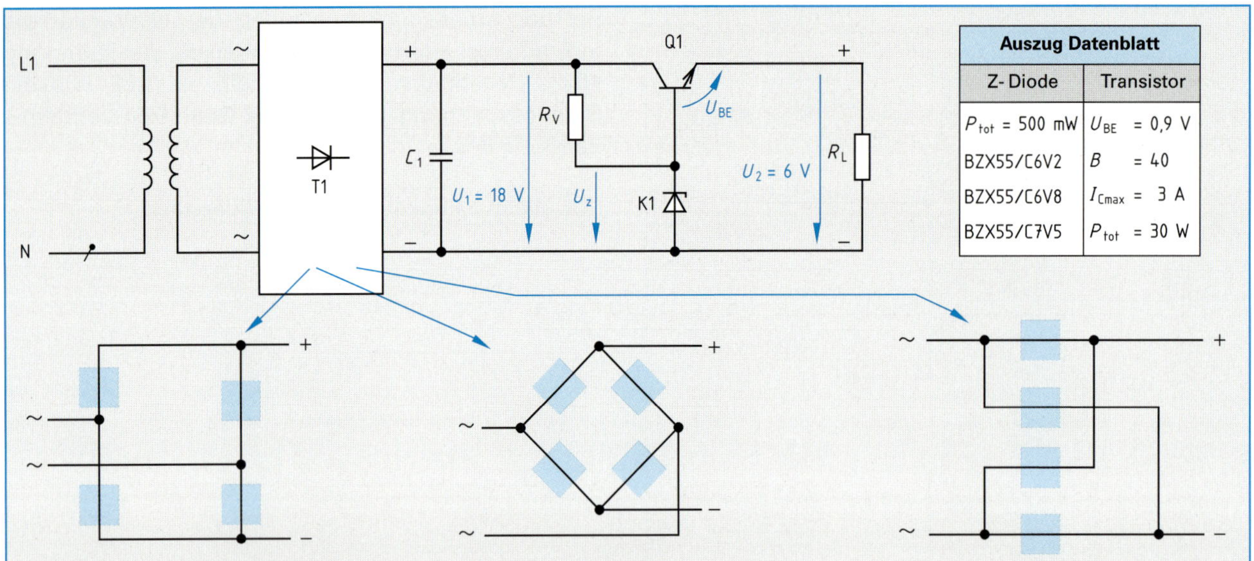

Auszug Datenblatt	
Z-Diode	Transistor
P_{tot} = 500 mW	U_{BE} = 0,9 V
BZX55/C6V2	B = 40
BZX55/C6V8	I_{Cmax} = 3 A
BZX55/C7V5	P_{tot} = 30 W

Bild: Spannungsstabilisierung mit Transistor und Z-Diode

Eine Spannungsstabilisierung mit Transistor und Z-Diode **(Bild)** soll für eine Ausgangsspannung von $U_2 = 6$ V berechnet werden. Die Eingangsspannung beträgt $U_1 = 18$ V. Als Gleichrichter T1 wird eine Zweipuls-Brückenschaltung B2 verwendet.

1 Für die Darstellung der Zweipuls-Brückenschaltung gibt es mehrere Möglichkeiten. Ergänzen Sie im **Bild** die Schaltungen an den gerasterten Stellen so, dass eine Zweipuls-Brückenschaltung B2 entsteht.

2 In welcher Transistorgrundschaltung wird der Transistor Q1 betrieben?

3 Berechnen Sie für die Ausgangsspannung U_2 die erforderliche Spannung U_Z und wählen Sie aus der Tabelle eine geeignete Z-Diode aus.

4 Wie groß ist der maximale Strom I_{Zmax} und der minimale Strom I_{Zmin} der Z-Diode?

5 Welchen Wert darf der Vorwiderstand R_v nicht unterschreiten?

6 Welchen maximalen Laststrom kann man der Schaltung entnehmen? (Beachten Sie, dass der Transistor maximal mit der Differenz $I_{Zmax} - I_{Zmin}$ angesteuert werden kann.)

7 Werden die Grenzwerte P_{tot} und I_{Cmax} des Transistors überschritten? Welche Änderung in der Schaltung ist bei Überschreitung der Grenzwerte notwendig?

Elektronik
Astabile Kippschaltung

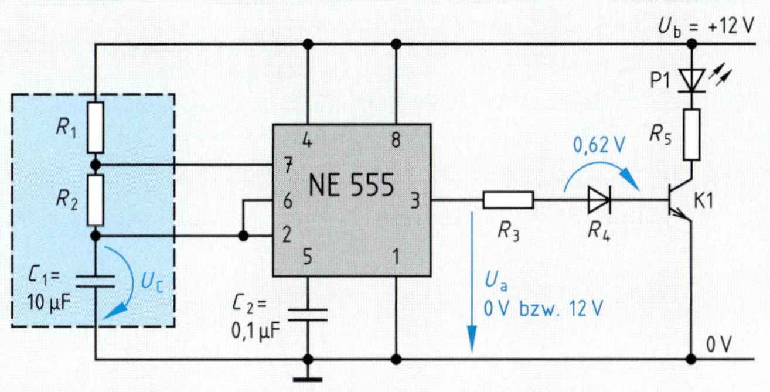

Bild 1: Astabile Kippstufe mit dem IC NE555

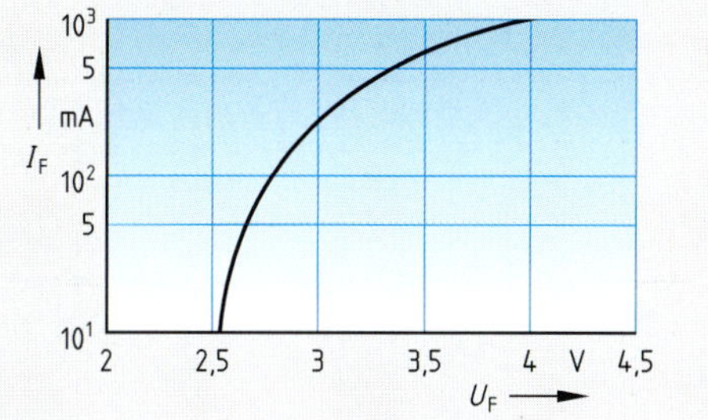

Bild 2: Kennlinie der LED-Leistungsdiode LCWW5SM

Das Warnlicht für eine Toreinfahrt soll mithilfe einer astabilen Kippstufe (**Bild 1**) aufgebaut werden. Als Anzeige wird eine LED-Leistungsdiode (**Bild 2**) verwendet, die 1,5 Sekunden ein- und 1 Sekunde ausgeschaltet sein soll. Der Durchlassstrom der LED soll 100 mA betragen. Der Transistor K1 (BC 141) hat die Kennwerte: $B = 120$, $U_{BE} = 0{,}65$ V, $P_{tot} = 3{,}6$ W und $U_{CEsat} = 0{,}15$ V. Der Übersteuerungsfaktor $ü = 3$. Im Datenblatt des Herstellers zum IC NE555 findet man die angegebenen Formeln des Infokasten.

1 Ermitteln Sie aus der Normreihe E24 (vordere Innenumschlagseite) die Widerstände R_1, R_2, R_3 und R_5.

2 Wird die Leistung des Transistors K1 überschritten? Begründen Sie.

3 Ergänzen Sie den Ausgangsspannungsverlauf U_a.

> **i**
> $t_i = 0{,}69 \cdot (R_1 + R_2) \cdot C_1$
> $t_p = 0{,}69 \cdot R_2 \cdot C_1$

zu 3

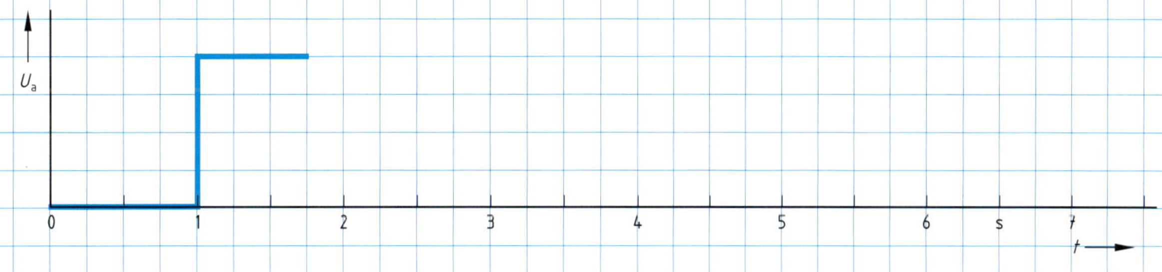

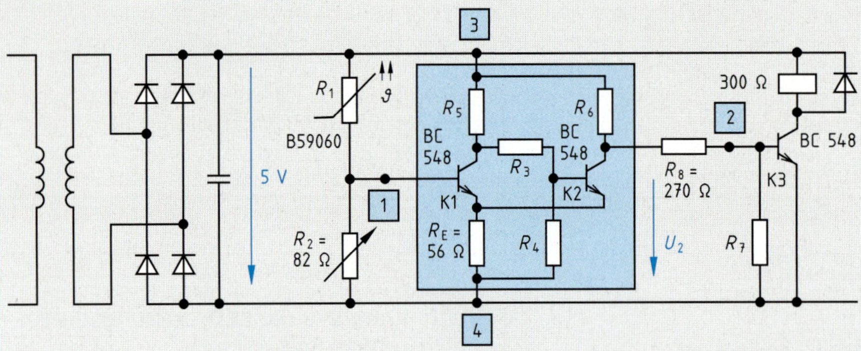

Transistordaten: U_{CEsat} = 0,09 V; U_{BEsat} = 0,9 V; I_{Cmax} = 0,1 A; B_{min} = 150; P_{tot} = 500 mW

Bild 1: Steuerung für einen elektrischen Frostwächter

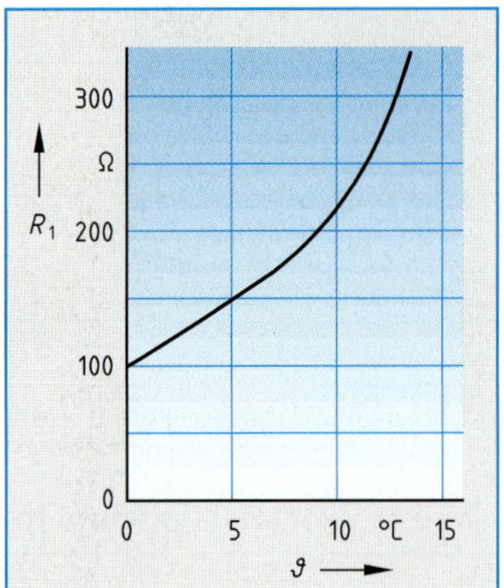

Bild 2: Kennlinie PTC B59060

Ein elektrischer Frostwächter **(Bild 1)** soll einen Schaltraum frostfrei halten. Die Heizung muss bei einer Temperatur von $\vartheta \leq 3\,°C$ einschalten und bei $\vartheta \geq 7\,°C$ wieder ausschalten. Am Spannungsteiler R_1, R_2 wird eine zur Temperatur proportionale Spannung abgegriffen und auf einen Schmitt-Trigger geführt.

1 Bestimmen Sie mithilfe der PTC-Kennlinie **(Bild 2)** den Widerstandswert von R_1 bei einer Temperatur von **a)** $\vartheta = 3\,°C$ und **b)** $\vartheta = 7\,°C$

a) R_1 = ________________ **Ω**, **b)** R_1 = ________________ **Ω**

2 Der Widerstand R_2 ist auf 60 Ω eingestellt. Berechnen Sie die Ausgangsspannung U_{R2} des unbelasteten Spannungsteilers R_1, R_2 **(Bild 1)** bei **a)** einer Temperatur von $\vartheta = 3\,°C$ und **b)** einer Temperatur von $\vartheta = 7\,°C$.

3 Berechnen Sie unter Verwendung der Transistordaten **(Bild 1)** die Kollektorströme I_{C1} und I_{C2}.

4 Ermitteln Sie mithilfe der Transistordaten **(Bild 1)** die Widerstandswerte R_5 und R_6 aus der Reihe E24.

5 Wie groß muss die Basis-Emitter-Spannung U_{BE} an Transistor K3 sein, damit K3 sicher leitet **(Bild 1)**?

U_{BE} = ________________ **V**

Elektronik
Schmitt-Trigger (Fortsetzung)

Aufgabe: **32**
Schwierigkeit: ●●●
Lösung: Seite 62/63

6 Bestimmen Sie durch Rechnung den Widerstandswert R_7 aus der Reihe E 12, damit Transistor K3 sicher leitet. (Lösungshinweis: Weil der Basisstrom für K3 wesentlich kleiner als der Strom durch R_7 ist, können R_6, R_7 und R_8 als unbelasteter Spannungsteiler betrachtet werden.)

ℹ Wenn ein Schmitt-Trigger leitet (K2 sperrt), liegt an seinem Ausgang die Spannung U_{2H}.
Wenn ein Schmitt-Trigger sperrt (K2 leitet), liegt an seinem Ausgang die Spannung U_{2L}.

7 Berechnen Sie die Ausgangsspannung U_{2L}, wenn der Schmitt-Trigger sperrt (K2 leitet).
Hinweis: Zuerst I_{C2} für Normwiderstand R6 aus Aufgabe 4 berechnen.

8 Berechnen Sie die Basis-Emitter-Spannung U_{BE} an Transistor K3 bei gesperrtem Schmitt-Trigger (K2 leitet). Beurteilen Sie, ob der Transistor K3 bei dieser Basis-Emitter-Spannung sperrt.

Statt des Schmitt-Triggers in **Bild 1** wird nun ein integrierter Schmitt-Trigger SN 7414 **(Bild 3)** in die Schaltung **Bild 1** eingebaut. Der Widerstand R_8 wird dabei ebenfalls ausgetauscht.

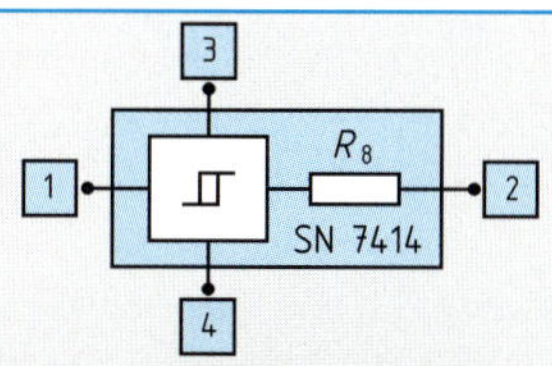

Bild 3: Schmitt-Trigger SN 7414

Tabelle: Kennwerte des Schmitt-Triggers SN 7414

U_{1e}	1,7 V
U_{1a}	0,9 V
Eingangsstrom bei U_{1e}	0,43 mA
Eingangsstrom bei U_{1a}	0,56 mA
U_{2H}	3,4 V
U_{2L}	0,2 V

9 Wie groß ist die Ausgangsspannung U_{2H}, wenn der Schmitt-Trigger leitet?

U_{2H} = ____________ **V**

10 Ermitteln Sie mit den Daten des Schmitt-Triggers SN 7414 **(Tabelle)** den Widerstandswert R_8 aus der Reihe E 24. Verwenden Sie R_7 aus Aufgabe 6.

11 Bei welcher Eingangsspannung U_{1e} wird der Schmitt-Trigger SN 7414 **(Tabelle)** leitend?

U_{1e} = ____________ **V**

12 Auf welchen Widerstandswert muss das Potenziometer R_2 eingestellt werden, damit der Schmitt-Trigger SN 7414 die Heizung weiterhin bei 3 °C einschaltet?

13 Bei welcher Temperatur schaltet der Schmitt-Trigger SN 7414 die Heizung aus?

Elektronik

Strom-Spannungs-Umsetzer mit Operationsverstärker

Ein Drucksensor liefert als Messsignal einen proportionalen Strom von 4 bis 20 mA (4 mA ≙ 0 bar, 20 mA ≙ 1 bar). Dieses Signal wird mit der Schaltung nach **Bild** zur Analogwertverarbeitung in einer SPS in ein Messsignal von 0 V bis 10 V umgeformt.

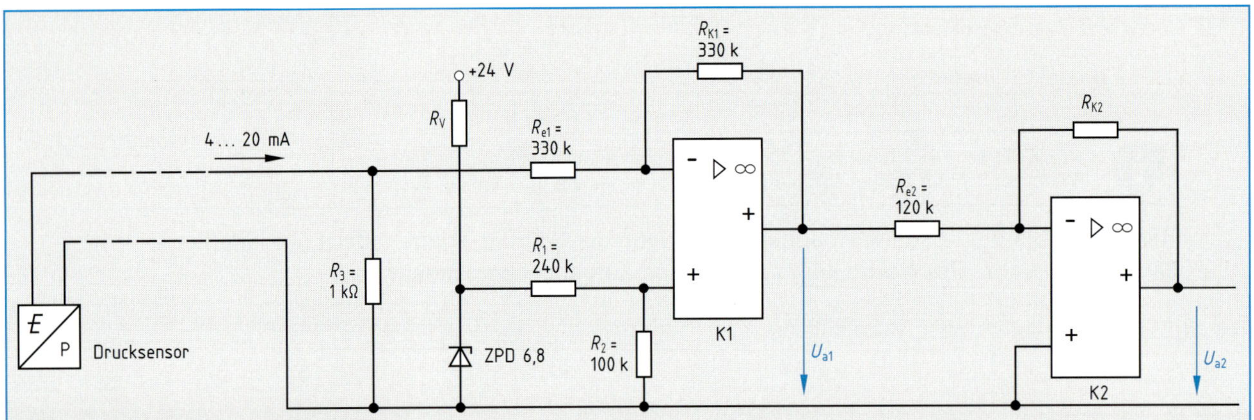

Bild: Strom-Spannungs-Umsetzer

1 Nennen Sie den Vorteil, wenn der Drucksensor bei 0 bar einen Strom von 4 mA und nicht von 0 mA liefert.

2 Wozu dient der Widerstand R_3 am Eingang des Operationsverstärkers K1?

3 In welcher Grundschaltung wird der Operationsverstärker K1 betrieben?

4 Berechnen Sie die Spannung U_{a1} am Ausgang von Operationsverstärker K1, wenn der Drucksensor 4 mA abgibt.

5 Berechnen Sie die Spannung U_{a1} am Ausgang des Operationsverstärkers K1, wenn der Sensor 20 mA abgibt.

6 Welche Funktion erfüllt der Operationsverstärker K1 in der Schaltung?

7 Berechnen Sie den Verstärkungsfaktor des Operationsverstärkers K2, damit die Ausgangsspannung U_{a2} genau 10 V beträgt, wenn der Drucksensor 20 mA liefert.

8 Die Ausgangsspannung U_{a2} soll Werte zwischen 0 und 10 V annehmen, wenn der Drucksensor Signale von 4 mA bis 20 mA liefert. Ermitteln Sie den Widerstandswert für R_{K2}.

9 Die Z-Diode ZPD 6,8 hat eine maximale Verlustleistung von 500 mW.
a) Welcher maximale Z-Strom I_{Zmax} ist zulässig? **b)** Welcher minimale Z-Strom I_{Zmin} ist erforderlich?

10 Berechnen Sie den maximalen Vorwiderstand R_{vmax} und den minimalen Vorwiderstand R_{vmin} für die Z-Diode.

11 Welche Leistung wird a) im Vorwiderstand R_{vmax} und b) im Vorwiderstand R_{vmin} umgesetzt?

12 Wählen Sie einen geeigneten Vorwiderstand R_v aus der Reihe E 12 **(vordere Umschlaginnenseite)** aus und geben Sie seine Mindestbelastbarkeit an.

Gewählt: R_v = ________________ **Ω**

Elektronik
Phasenanschnittsteuerung mit Triac

Aufgabe: **34**

Schwierigkeit: •••

Lösung: Seite 63

Eine ohmsche Last $R_L = 46\,\Omega$ soll mit einer Phasenanschnittsteuerung (Dimmer) an 230 V Wechselspannung betrieben werden **(Bild 1)**. Ein Diac BR 100 mit einer Schaltspannung von 30 V steuert den Triac an. Mit dem Stellwiderstand R1 wird der Zündwinkel α eingestellt. Eine auftretende Phasenverschiebung zwischen U_C und $U_\sim$ wird vernachlässigt. Die Kondensatorspannung soll deshalb mit der Netzspannung steigen.

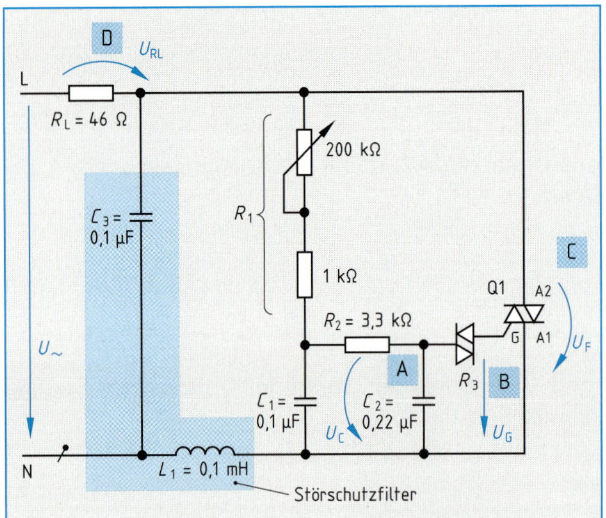

Bild 1: Wechselstromsteller (W1C-Schaltung)

1 Wählen Sie aus der **Tabelle** den notwendigen Triac für die Schaltung aus (Laststrom beachten).

2 Zeichnen Sie den prinzipiellen Spannungsverlauf an den Messstellen A bis D **(Bild 1)** der Phasenanschnittsteuerung bei $\alpha = 45°$ in **Bild 2** ein.

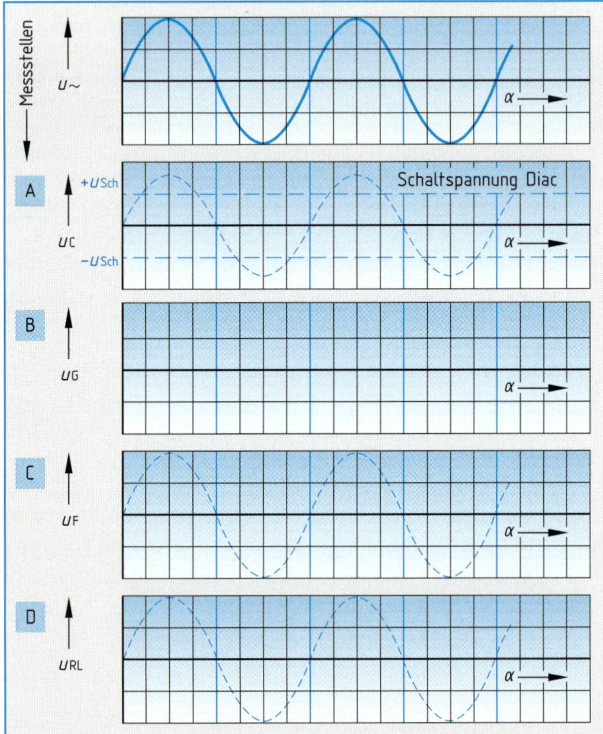

Bild 2: Spannungen der Phasenanschnittsteuerung

Tabelle: Kenn- und Grenzdaten versch. Triacs

Typ	Zündstrom I_{GT} in mA	Grenzeffektivstrom I_{TRMS} in A	Spitzensperrspannung U_{RRM} in V	Gehäuse
BT 136/500	35	4	500	TO-220
BT 136/600	35	4	600	TO-220
TIC 206 D	10	4	400	TO-220
TIC 206 M	35	4	600	TO-220
BT 137/500	35	8	500	TO-220
BT 137/800	35	8	800	TO-220
T 2800 M	25	4	600	TO-220
TIC 226 D	50	8	400	TO-220
TIC 226 N	50	8	800	TO-220
2 N 6073	30	4	400	TO-126
2 N 5446	100	40	600	TO-48

3 Berechnen Sie für die Zündwinkel $\alpha = 20°, 40°, 60°, 90°, 120°, 140°$ und $160°$ die Spannung U_α, den Strom I_α und die Leistungsaufnahme P_α.

$$U_\alpha = U_0 \sqrt{1 - \frac{\alpha}{180°} + \frac{\sin 2\alpha}{2\pi}}$$

$$I_\alpha = I_0 \sqrt{1 - \frac{\alpha}{180°} + \frac{\sin 2\alpha}{2\pi}}$$

$$P_\alpha = U_\alpha \cdot I_\alpha$$

α in °	20	40	60	90	120	140	160
U_α in V	229						
I_α in A	4,98						
P_α in W	1140						

4 Erstellen und zeichnen Sie die Steuerkennlinien für I_α/I_0; U_α/U_0; P_α/P_0 **(Bild 3)** mithilfe der Werte aus der **Tabelle in Teilaufgabe 3** als Funktion des Zündwinkels α.

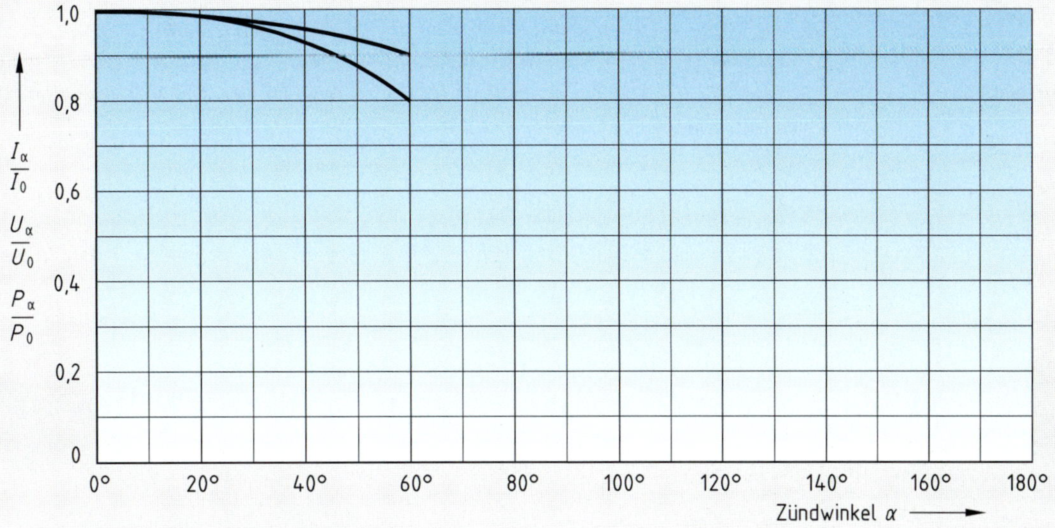

Bild 3: Steuerkennlinie, ohmsche Last

5 Ermitteln Sie mithilfe der Steuerkennlinie **(Bild 3)** die Werte für Spannung, Strom und Leistung bei einem Zündwinkel von $\alpha = 135°$.

6 Warum ist bei einem Triac ein Zündwinkel von 0° nicht möglich, wenn er von einem Diac angesteuert wird? Wie groß ist der minimale Zündwinkel (Hinweis: Schaltspannung des Diac beachten)?

7 Wie groß ist die Leistung in Prozent bei $\alpha = 45°$ und $\alpha = 90°$ bezogen auf die maximale Leistung?

Lösungen zu: Aufgabe 1, Belasteter Spannungsteiler (Seite 4)

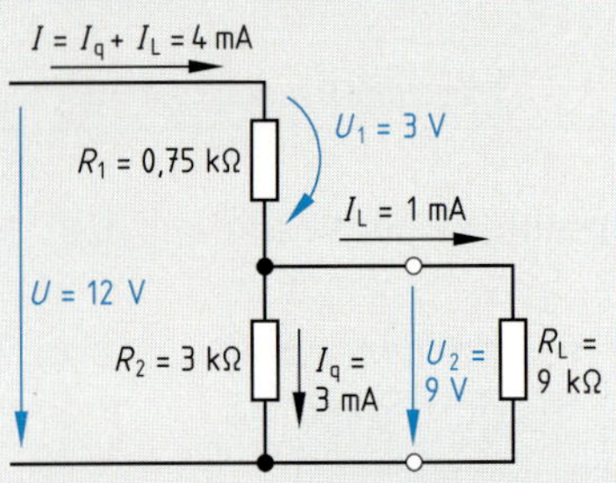

Bild 1: Spannungsteiler

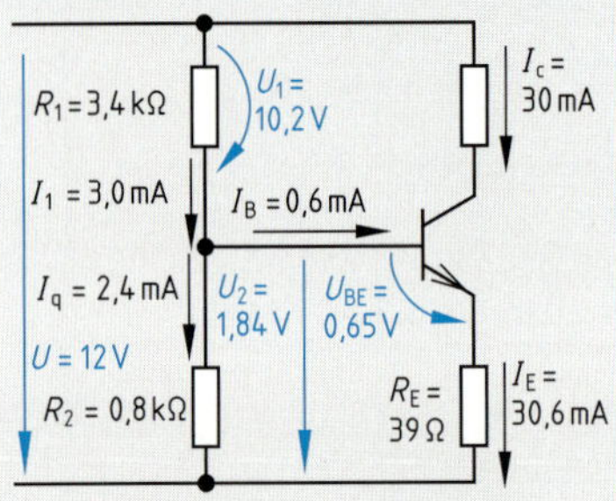

Bild 2: Basisspannungsteiler (Lösung zu Aufgabe 1)

1 $\boldsymbol{R_L} = q \cdot R_2 = 3 \cdot 3\,\text{k}\Omega = \mathbf{9\,k\Omega}$; $I_q = q \cdot I_L = 3 \cdot 1\,\text{mA} = \mathbf{3\,mA}$
$\boldsymbol{U_2} = I_q \cdot R_2 = 3\,\text{mA} \cdot 3\,\text{k}\Omega = \mathbf{9\,V}$; $I = I_q + I_L = 3\,\text{mA} + 1\,\text{mA} = \mathbf{4\,mA}$
$\boldsymbol{U_1} = U - U_2 = 12\,\text{V} - 9\,\text{V} = \mathbf{3\,V}$; $\boldsymbol{R_1} = U_1/I = 3\,\text{V}/4\,\text{mA} = \mathbf{0{,}75\,k\Omega}$

2 $\boldsymbol{U_{20}} = \dfrac{U \cdot R_2}{R_1 + R_2} = \dfrac{12\,\text{V} \cdot 3\,\text{k}\Omega}{0{,}75\,\text{k}\Omega + 3\,\text{k}\Omega} = \mathbf{9{,}6\,V}$

3 $\boldsymbol{I_k} = U/R_1 = 12\,\text{V}/0{,}75\,\text{k}\Omega = \mathbf{16\,mA}$

4 $I_E = I_B + I_C = 0{,}6\,\text{mA} + 30\,\text{mA} = 30{,}6\,\text{mA}$; $U_{RE} = I_E \cdot R_E = 1{,}19\,\text{V}$
$\boldsymbol{U_2} = U_{BE} + U_{RE} = \mathbf{1{,}84\,V}$; $\boldsymbol{I_q} = q \cdot I_B = 4 \cdot 0{,}6\,\text{mA} = \mathbf{2{,}4\,mA}$
$\boldsymbol{R_2} = U_2/I_q = 1{,}84\,\text{V}/2{,}4\,\text{mA} = \mathbf{0{,}8\,k\Omega}$; $\boldsymbol{I_1} = I_q + I_B = 2{,}4\,\text{mA} + 0{,}6\,\text{mA} = \mathbf{3{,}0\,mA}$
$\boldsymbol{U_1} = U - U_2 = 12{,}0\,\text{V} - 1{,}84\,\text{V} = \mathbf{10{,}2\,V}$; $\boldsymbol{R_1} = U_1/I_1 = 10{,}2\,\text{V}/3\,\text{mA} = \mathbf{3{,}4\,k\Omega}$

Lösungen zu: Aufgabe 2, Belasteter Spannungserzeuger (Seite 5)

1 $\boldsymbol{U_{0\,ges}} = n \cdot U_{01} = 6 \cdot 2{,}0\,\text{V} = \mathbf{12{,}0\,V}$; $\boldsymbol{R_{i\,ges}} = n \cdot R_{i1} = 6 \cdot 2{,}5\,\text{m}\Omega = \mathbf{15\,m\Omega}$

2 3-W-Lampe: $\boldsymbol{R_{3W}} = U^2/P = (12\,\text{V})^2/3\,\text{W} = \mathbf{48\,\Omega}$; $\boldsymbol{R_{5W}} = \mathbf{28{,}8\,\Omega}$; $\boldsymbol{R_{55W}} = \mathbf{2{,}62\,\Omega}$

3 $\dfrac{1}{R_L} = \dfrac{2 \cdot 1}{R_{Stand}} + \dfrac{2 \cdot 1}{R_{Schluss}} + \dfrac{1}{R_{Kennzeich}} + \dfrac{1}{R_{Instrum}} + \dfrac{2 \cdot 1}{R_{Abblend}} = 0{,}958\,\dfrac{1}{\Omega}$; $\boldsymbol{R_L} = \mathbf{1{,}043\,\Omega}$
$R_{ges} = R_L + R_{iges} = 1{,}043\,\Omega + 0{,}015\,\Omega = 1{,}058\,\Omega = 1{,}06\,\Omega$
$I_L = U_0/R_{ges} = 12\,\text{V}/1{,}06\,\Omega = 11{,}3\,\text{A}$; $\boldsymbol{U} = U_0 - I_L \cdot R_i = 12\,\text{V} - 11{,}3\,\text{A} \cdot 0{,}015\,\Omega = \mathbf{11{,}8\,V}$

4 $R_{Anl} = U^2/P_{Anl} = (12\,\text{V})^2/1\,100\,\text{W} = 0{,}131\,\Omega$
$\dfrac{1}{R_{ges}} = \dfrac{1}{R_L} + \dfrac{1}{R_{Anl}} = 8{,}59\,\dfrac{1}{\Omega}$; $R_L = 0{,}116\,\Omega$;
$R_{ges} = R_L + R_{i\,ges} = 0{,}116\,\Omega + 0{,}015\,\Omega = 0{,}131\,\Omega$; $I_L = U_0/R_{ges} = 12\,\text{V}/0{,}131\,\Omega = 91{,}4\,\text{A}$
$\boldsymbol{U} = U_0 - I_L \cdot R_i = 12\,\text{V} - 91{,}4\,\text{A} \cdot 0{,}015\,\Omega = \mathbf{10{,}6\,V}$

5 Bemessungskapazität $K = 55\,\text{Ah} \Rightarrow K_{50\%} = 55\,\text{Ah} \cdot 0{,}5 = 27{,}5\,\text{Ah}$, davon 70 % $\Rightarrow K_{Rest} = 27{,}5\,\text{Ah} \cdot 0{,}7 = 19{,}3\,\text{Ah}$
$I = P/U = 28\,\text{W}/12\,\text{V} = 2{,}33\,\text{A}$; $\boldsymbol{t} = K_{Rest}/I_I = 19{,}3\,\text{Ah}/2{,}33\,\text{A} = \mathbf{8{,}3\,h}$

Lösungen zu: Aufgabe 3, Gemischte Schaltung (Seite 6)

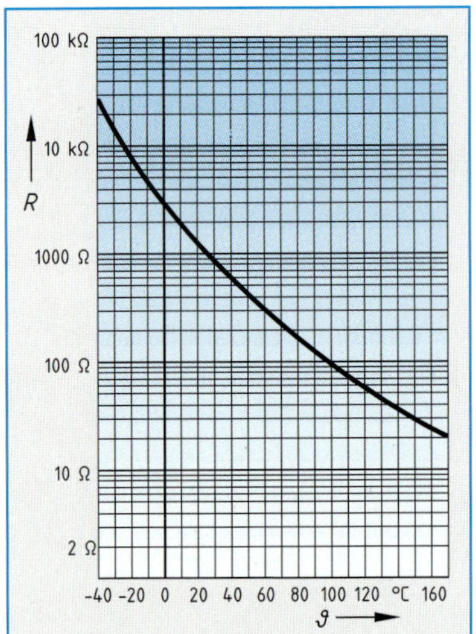

Bild: Kennlinie eines NTC-Widerstandes

1 Siehe **Bild**;

2 Aus Kennlinie **(Bild)**: bei **25 °C**

3 $\boldsymbol{R_{-25}} = \mathbf{10\,k\Omega}$; $\boldsymbol{R_{35}} = \mathbf{700\,\Omega}$

4 Bei 25 °C: $R_5 = 1\,\text{k}\Omega = 1000\,\Omega$; $R_{56} = \dfrac{R_5 \cdot R_6}{R_5 + R_6} = \dfrac{1000\,\Omega \cdot 470\,\Omega}{1000\,\Omega + 470\,\Omega} = 319{,}7\,\Omega$
$R_{34} = \dfrac{R_3 \cdot R_4}{R_3 + R_4} = \dfrac{180\,\Omega \cdot 330\,\Omega}{180\,\Omega + 330\,\Omega} = 116{,}5\,\Omega$; $R_I = R_{34} + R_{56} = 116{,}5\,\Omega + 319{,}7\,\Omega = 436{,}2\,\Omega$
$R_{II} = \dfrac{R_2 \cdot R_I}{R_2 + R_I} = \dfrac{270\,\Omega \cdot 436{,}2\,\Omega}{270\,\Omega + 436{,}2\,\Omega} = 166{,}8\,\Omega$; $\boldsymbol{R} = R_1 + R_{II} = 120\,\Omega + 166{,}8\,\Omega = \mathbf{286{,}8\,\Omega}$

5 $U = 24\,\text{V} \Rightarrow \boldsymbol{I} = \dfrac{U}{R} = \mathbf{83{,}7\,mA}$; $U_1 = I \cdot R_1 = 83{,}7\,\text{mA} \cdot 120\,\Omega = 10{,}0\,\text{V}$
$U_2 = U - U_1 = 24\,\text{V} - 10{,}0\,\text{V} = 14{,}0\,\text{V}$; $\boldsymbol{I_2} = \dfrac{U_2}{R_2} = \dfrac{14{,}0\,\text{V}}{270\,\Omega} = \mathbf{51{,}9\,mA}$

6 $I_{34} = I_3 + I_4 = I - I_2 = 83{,}7\,\text{mA} - 51{,}9\,\text{mA} = 31{,}8\,\text{mA}$
$U_{34} = R_{34} \cdot I_{34} = 116{,}5\,\Omega \cdot 31{,}8\,\text{mA} = 3{,}70\,\text{V}$; $I_3 = \dfrac{U_{34}}{R_3} = \dfrac{3{,}70\,\text{V}}{180\,\Omega} = 20{,}6\,\text{mA}$
$I_4 = \dfrac{U_{34}}{R_4} = \dfrac{3{,}70\,\text{V}}{330\,\Omega} = 11{,}2\,\text{mA}$; $\boldsymbol{U_5} = U_2 - U_{34} = 14\,\text{V} - 3{,}70\,\text{V} = \mathbf{10{,}3\,V}$
$\boldsymbol{I_5} = \dfrac{U_5}{R_5} = \dfrac{10{,}3\,\text{V}}{1000\,\Omega} = \mathbf{10{,}3\,mA}$; $\boldsymbol{I_6} = \dfrac{U_5}{R_6} = \dfrac{10{,}3\,\text{V}}{470\,\Omega} = \mathbf{21{,}9\,mA}$

7 $P = U \cdot I = 24\,\text{V} \cdot 83{,}7\,\text{mA} = 2009\,\text{mW}$
$\boldsymbol{P_1} = U_1 \cdot I_1 = 10{,}0\,\text{V} \cdot 83{,}7\,\text{mA} = \mathbf{840\,mW} \Rightarrow \mathbf{1\,W}$; $\boldsymbol{P_2} = 14{,}0\,\text{V} \cdot 51{,}9\,\text{mA} = \mathbf{727\,mW} \Rightarrow \mathbf{1\,W}$
$\boldsymbol{P_3} = U_{34} \cdot I_3 = 3{,}7\,\text{V} \cdot 20{,}5\,\text{mA} \approx \mathbf{76\,mW} \Rightarrow \mathbf{0{,}125\,W}$; $\boldsymbol{P_4} = U_{34} \cdot I_4 = 3{,}7\,\text{V} \cdot 11{,}2\,\text{mA} \approx \mathbf{41\,mW} \Rightarrow \mathbf{0{,}125\,W}$
$\boldsymbol{P_5} = U_5 \cdot I_5 = 10{,}3\,\text{V} \cdot 10{,}3\,\text{mA} = \mathbf{106\,mW} \Rightarrow \mathbf{0{,}125\,W}$; $\boldsymbol{P_6} = U_6 \cdot I_6 = 10{,}3\,\text{V} \cdot 21{,}9\,\text{mA} = \mathbf{226\,mW} \Rightarrow \mathbf{0{,}25\,W}$

8 **Siehe Tabelle**

9 $\boldsymbol{P'} = \dfrac{U^2}{R_5} = \dfrac{(24\,\text{V} \cdot 0{,}5)^2}{287\,\Omega} = \mathbf{0{,}50\,W}$

10 $A = d^2 \cdot \pi/4 = (0{,}15\,\text{mm})^2 \cdot \pi/4 = 0{,}0177\,\text{mm}^2$
$l = R_3 \cdot A \cdot \gamma$
$l = 180\,\Omega \cdot 0{,}0177\,\text{mm}^2 \cdot 2{,}0\,\text{m}/(\Omega \cdot \text{mm}^2)$
$\boldsymbol{l} = \mathbf{6{,}37\,m}$

Tabelle: Zusammenstellung der Ergebnisse

Werte an:	R	R_1	R_2	R_3	R_4	R_5	R_6
U in V	24	10	14	3,7	3,7	10,3	10,3
I in mA	83,7	83,7	51,9	20,5	11,2	10,3	21,9
P in mW	2009	840	727	76	41	106	226
P_{max} in W	–	1	1	0,125	0,125	0,125	0,25

Lösungen zu: Aufgabe 4, Arbeit, Leistung, Wirkungsgrad (Seite 8 und 9)

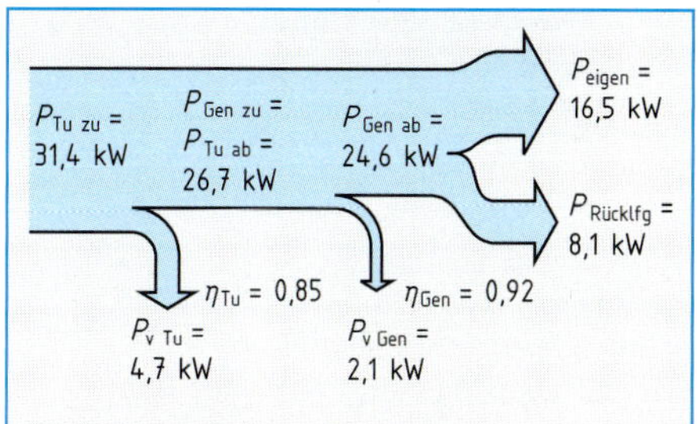

Bild: Energiefluss-Diagramm

1 $\boldsymbol{h} = 539\text{ m} - 531\text{ m} = \mathbf{8\ m}$

2 $\boldsymbol{P}_{\mathbf{Tu\,zu}} = \frac{m \cdot g \cdot h}{t} = \frac{400\text{ kg} \cdot 9{,}81\text{ N/kg} \cdot 8\text{ m}}{1\text{ s}} = 31\,392\ \frac{\text{Nm}}{\text{s}} = \mathbf{31{,}4\ kW}$

3 $\boldsymbol{P}_{\mathbf{Tu\,ab}} = \boldsymbol{P}_{\mathbf{Gen\,zu}} = P_{Tu\,zu} \cdot \eta_{Tu} = 31{,}4\text{ kW} \cdot 0{,}85 = \mathbf{26{,}7\ kW}$

4 $\boldsymbol{P}_{\mathbf{Gen\,ab}} = P_{Tu\,ab} \cdot \eta_{Gen} = 26{,}7\text{ kW} \cdot 0{,}92 = \mathbf{24{,}6\ kW}$

5 $\boldsymbol{P}_{\mathbf{vTu}} = P_{Tu\,zu} - P_{Tu\,ab} = 31{,}4\text{ kW} - 26{,}7\text{ kW} = \mathbf{4{,}7\ kW}$
$\boldsymbol{P}_{\mathbf{vGen}} = P_{Gen\,zu} - P_{Gen\,ab} = 26{,}7\text{ kW} - 24{,}6\text{ kW} = \mathbf{2{,}1\ kW}$

6 **Siehe Bild: Energiefluss-Diagramm**

7 $\boldsymbol{K} = (P_{Gen\,ab} - P_{eigen}) \cdot t_d \cdot AP$
$= (24{,}6\text{ kW} - 16{,}5\text{ kW}) \cdot 12\text{ h} \cdot 0{,}092\text{ €/kWh} = \mathbf{8{,}94\ €}$

8 a) $\boldsymbol{W}_{\mathbf{Rücklfg}}$ = Zählerstand neu – Zählerstand alt = 85 305,3 kWh – 72 345,3 kWh = **12 960 kWh**
$\boldsymbol{W}_{\mathbf{Bezug}}$ = Zählerstand neu – Zählerstand alt = 16 568,2 kWh – 13 688,2 kWh = **2 880 kWh**

b) $K_{Rücklfg} = W_{Rücklfg} \cdot AP_{Rücklfg} = 12\,960\text{ kWh} \cdot 0{,}092\text{ €/kWh} = 1\,192{,}32\text{ €}$
$K_{Bezug} = W_{Bezug} \cdot AP_{Bezug} = 2\,880\text{ kWh} \cdot 0{,}12\text{ €/kWh} = 345{,}60\text{ €}$
$\Delta \boldsymbol{K} = K_{Rücklfg} - K_{Bezug} = 1\,192{,}32\text{ €} - 345{,}60\text{ €} = \mathbf{846{,}72\ €}$

c) $\boldsymbol{K}_{\mathbf{d}} = \Delta K/t = 846{,}72\text{ €}/30\text{ d} = \mathbf{28{,}22\ €/d}$

9 **Verlegeart C (Tabelle 1, Seite 64)**

10 $I = \frac{P}{U \cdot \sqrt{3} \cdot \cos\varphi} = \frac{24\,600\text{ W}}{400\text{ V} \cdot \sqrt{3} \cdot 0{,}86} = \mathbf{41{,}3\ A}$

Aus **Tabelle 1, Seite 65**: bei $\vartheta_u = 40\,°\text{C} \Rightarrow f_1 = 0{,}87$; $\quad I' = \frac{I_2}{f_1} = \frac{41{,}30\text{ A}}{0{,}87} = 47{,}5\text{ A} < I_r = 57\text{ A}$

Aus **Tabelle 2, Seite 64**: **A = 10 mm² Cu**

11 $\Delta U = \frac{\sqrt{3} \cdot I \cdot l_1 \cdot \cos\varphi}{\gamma \cdot A} = \frac{\sqrt{3} \cdot 41{,}3\text{ A} \cdot 23\text{ m} \cdot 0{,}86}{56\text{ m}/(\Omega \cdot \text{mm}^2) \cdot 10\text{ mm}^2} = 2{,}5\text{ V}$

$\Delta u_{zul} = 0{,}5\,\% \Rightarrow \Delta U_{zul} = \Delta u_{zul} \cdot U/100\,\% = 0{,}5\,\% \cdot 400\text{ V}/100\,\% = 2\text{ V}$
$\Delta U > \Delta U_{zul} \Rightarrow$ **2,5 V** > 2 V ⇒ der Spannungsfall ist **nicht zulässig** ⇒ A = 10 mm² nicht zulässig ⇒ $\mathbf{A_2 = 16\ mm^2}$

Lösungen zu: Aufgabe 5, Elektrische Warmwasserbereitung (Seite 10 und 11)

1 $\boldsymbol{m}_{\mathbf{max\,tägl}} = n \cdot m_1 = 5 \cdot 50\text{ l} = \mathbf{250\ l}$

2 a) $m_{K\,45°} = \frac{150\text{ l }(45\,°\text{C} - 40\,°\text{C})}{40\,°\text{C} - 10\,°\text{C}} = 25\text{ l}$
$\boldsymbol{m}_{\mathbf{M}} = m_{K\,45°} + m_W = 25\text{ l} + 150\text{ l} = \mathbf{175\ l}$

b) $m_{K\,60°} = 100\text{ l}$; $\boldsymbol{m}_{\mathbf{M}} = \mathbf{250\ l}$

3 $\boldsymbol{Q} = m \cdot c \cdot \Delta\vartheta = \mathbf{150\ l} \cdot \frac{4{,}19\text{ kJ}}{\text{kg} \cdot \text{K}} \cdot (60\,°\text{C} - 10\,°\text{C}) = \mathbf{31\,425\ kJ}$

4 a) $\boldsymbol{t} = \frac{Q}{P \cdot 3600 \cdot \zeta} = \frac{31\,425\text{ kJ}}{2000\text{ W} \cdot 3600 \cdot 0{,}95} = \mathbf{4{,}59\ h}$ b) $\boldsymbol{t} = \mathbf{1{,}53\ h}$

5 a)

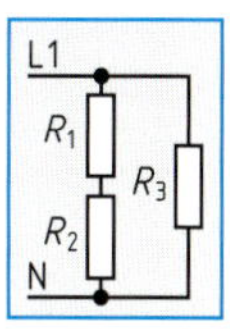

b) $R_1 = \frac{U^2}{P_1} = \frac{(230\text{ V})^2}{2000\text{ W}} = 26{,}45\ \Omega$
$R_{12} = R_1 + R_2 = 2 \cdot 26{,}45\ \Omega = 52{,}9\ \Omega$
$R = R_{12}\ //\ R_3 = 17{,}63\ \Omega$
$I = \frac{U}{R} = \frac{230\text{ V}}{17{,}63\ \Omega} = 13{,}04\text{ A}$
$\boldsymbol{P} = U \cdot I = 230\text{ V} \cdot 13{,}04\text{ A} = \mathbf{3000\ W}$

6 $\Delta \boldsymbol{U} = \frac{2 \cdot I \cdot l_1 \cdot \cos\varphi}{\gamma \cdot A} = \frac{2 \cdot 13{,}04\text{ A} \cdot 12\text{ m} \cdot 1}{56\,\frac{\text{m}}{(\Omega \cdot \text{mm}^2)} \cdot 1{,}5\text{ mm}^2} = \mathbf{3{,}71\ V}$

$\Delta u = \frac{\Delta U}{U} \cdot 100\,\% = 1{,}61\,\%$

7 a)

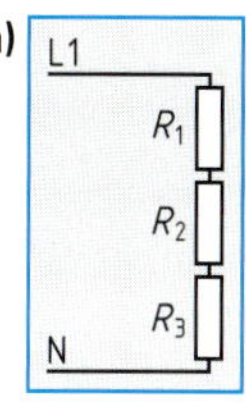

b) $R = 3 \cdot R_1 = 3 \cdot 26{,}45\ \Omega = 79{,}35\ \Omega$
$I = \frac{U}{R} = \frac{400\text{ V}}{79{,}35\ \Omega} = 5{,}04\text{ A}$
$\boldsymbol{P} = U \cdot I = 400\text{ V} \cdot 5{,}04\text{ A} = \mathbf{2016\ W}$

8 a) $I = \frac{P}{\sqrt{3} \cdot U \cdot \cos\varphi} = \frac{6000\text{ W}}{\sqrt{3} \cdot 400\text{ V} \cdot 1} = \mathbf{8{,}66\ A}$

b) $\Delta \boldsymbol{U} = \frac{\sqrt{3} \cdot I \cdot l \cdot \cos\varphi}{\gamma \cdot A} = \frac{\sqrt{3} \cdot 8{,}66\text{ A} \cdot 12\text{ m} \cdot 1}{56\,\frac{\text{m}}{(\Omega \cdot \text{mm}^2)} \cdot 1{,}5\text{ mm}^2} = 2{,}14\text{ V}$

c) $\Delta u = \frac{\Delta U}{U} \cdot 100\,\% = 0{,}54\,\%$; Ja, da $0{,}54\,\% < 3\,\%$

Lösungen zu: Aufgabe 6, Temperaturmessung mit NTC-Widerstand (Seite 12 und 13)

1

ϑ in °C	0	20	40	60	80	100
R_1 in kΩ	32	12	5,5	2,5	1,3	0,7

2 $\boldsymbol{R}_{\mathbf{2}} = \frac{R_1 \cdot R_4}{R_3} = \mathbf{64\ k\Omega}$

3 $\vartheta = 20\,°\text{C}$: $I_{1,2} = \frac{U_b}{R_1 + R_2} = 0{,}079\text{ mA}$
$U_1 = I_{1,2} \cdot R_1 = 0{,}95\text{ V}$; $\quad \frac{R_3}{R_4} = \frac{U_3}{U_4} = \frac{1}{2} \Rightarrow U_3 = 2{,}0\text{ V}$

Maschenregel: $U_1 + U_{AB} - U_3 = 0$
$\boldsymbol{U}_{\mathbf{AB}} = U_3 - U_1 = \mathbf{1{,}05\ V}$

ϑ in °C	0	20	40	60	80	100
R_1 in kΩ	32	12	5,5	2,5	1,3	0,7
U_1 in V	2,0	0,95	0,47	0,23	0,12	0,06
U_{AB} in V	0	1,05	1,53	1,78	1,88	1,94

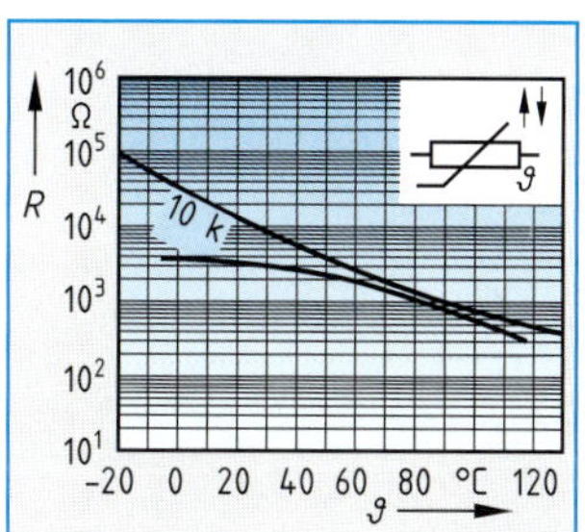

zu Frage 6

4 a) Änderung ΔU_{AB}
0 °C … 20 °C ⇒ 1,05 V
20 °C … 40 °C ⇒ 0,48 V
40 °C … 60 °C ⇒ 0,25 V
60 °C … 80 °C ⇒ 0,10 V
80 °C … 100 °C ⇒ 0,06 V

b) Es besteht kein proportionales Verhalten

5 Bei 0 °C ⇒ $R_1 = 32\text{ k}\Omega$, $R_p = 5{,}6\text{ k}\Omega$

$R_E = \frac{R_1 \cdot R_p}{R_1 + R_p} = 4{,}8\text{ k}\Omega$; $\quad \boldsymbol{R}_{\mathbf{2}} = \frac{R_E \cdot R_4}{R_3} = \mathbf{9{,}6\ k\Omega}$

6 $\vartheta = 20\,°C$: $\boldsymbol{R_E} = \frac{R_1 \cdot R_p}{R_1 + R_p} = \mathbf{3{,}8\ k\Omega}$

ϑ in °C	0	20	40	60	80	100
R_E in kΩ	4,8	3,8	2,8	1,7	1,05	0,6

7 $\vartheta = 20\,°C$: $I_E = \frac{U_b}{R_E + R_2} = 0{,}448\ mA$

$U_E = I_E \cdot R_E = 1{,}7\ V$; $\quad U_{AB} = U_3 - U_E = 0{,}3\ V$

ϑ in °C	0	20	40	60	80	100
U_E in V	2,0	1,7	1,35	0,9	0,6	0,35
U_{AB} in V	0	0,3	0,65	1,1	1,4	1,65

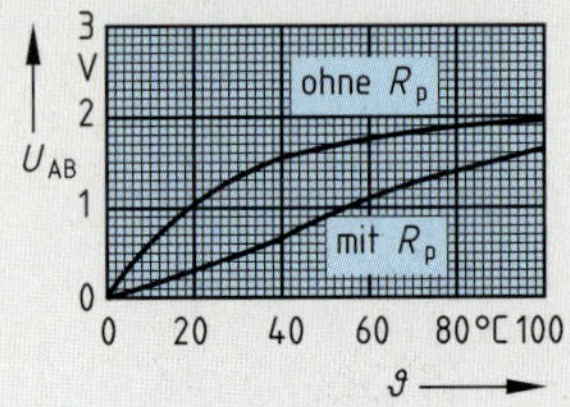

zu Frage 7

8 **Ohne R_p:** Es besteht keine Proportionalität zwischen Temperatur und Brückenspannung ⇒ zur Temperaturmessung nicht geeignet.

Mit R_p: Zwischen ϑ und U_{AB} besteht ein fast lineares Verhalten; NTC- mit Parallelwiderstand ermöglicht eine gute Temperaturmessung.

Lösungen zu: Aufgabe 7, RC-Glied (Seite 14)

1

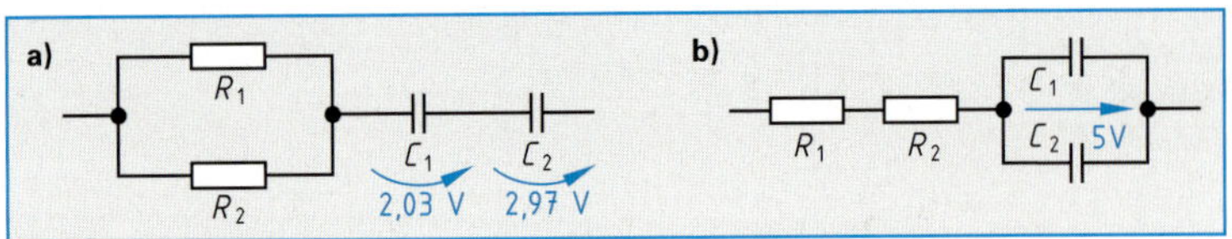

2 Nach dem Ladevorgang fließt kein Strom mehr, die gesamte Spannung liegt an den Kondensatoren an. In Bild **1a)** teilt sich die Spannung umgekehrt proportional zur Kapazität auf die Kondensatoren auf.

$C_{ges} = \frac{C_1 \cdot C_2}{C_1 + C_2} = 33{,}3\ \mu F$; $\quad \frac{U_{C1}}{U_{ges}} = \frac{C_{ges}}{C_1} \Rightarrow \boldsymbol{U_{C1}} = U_{ges} \cdot \frac{C_{ges}}{C_1} = 5\ V \cdot \frac{33{,}3\ \mu F}{82\ \mu F} = \mathbf{2{,}03\ V}$; $\quad \boldsymbol{U_{C2}} = U_{ges} - U_{C1} = \mathbf{2{,}97\ V}$

3 $R_{ges} = \frac{R_1 \cdot R_2}{R_1 + R_2} = 2{,}8\ k\Omega$; $\quad t_i = 0{,}69 \cdot R_{ges} \cdot C_{ges} = \mathbf{64{,}3\ ms}$

4

Tabelle 3

Schaltstellung		Ersatzschaltung für R	R_{ges}	Ersatzschaltung für C	C_{ges}	t_i
S1	S2					
1	1	R_1 und R_2 parallel	2,8 kΩ	C_1 und C_2 in Reihe	33,3 µF	64,3 ms
1	2	R_1 und R_2 parallel	2,8 kΩ	C_1 und C_2 parallel	138 µF	267 ms
2	1	R_1 und R_2 in Reihe	13,9 kΩ	C_1 und C_2 in Reihe	33,3 µF	319 ms
2	2	R_1 und R_2 in Reihe	13,9 kΩ	C_1 und C_2 parallel	138 µF	1,32 s

Lösungen zu: Aufgabe 8, Magnetischer Kreis mit Luftspalt (Seite 15)

1 **UI-Kern ohne Luftspalt:**

a) $\boldsymbol{l_m} = 2 \cdot b + 2\,(a - f) = \mathbf{240\ mm}$; Aus Kennlinie **Bild 2**, Seite 15: $B = 1{,}1\ T \Rightarrow H = 4\ A/cm$

b) $\boldsymbol{\Theta_{Fe}} = H \cdot l_m = \mathbf{96\ A}$; $\quad I = \frac{\Theta_{Fe}}{N} = \mathbf{0{,}12\ A}$

2 **UI-Kern mit Luftspalt:**

a) $\boldsymbol{H_0} = \frac{B_0}{\mu_0} = \mathbf{8\,751\ A/cm}$; $\quad \boldsymbol{\Theta_0} = H_0 \cdot 2 \cdot l_0 = \mathbf{1\,750\ A}$; $\quad$ b) $\Theta = \Theta_{Fe} + \Theta_0 = 1\,846\ A$; $\quad I = \frac{\Theta}{N} = \mathbf{2{,}3\ A}$

3 **Vergleich:** Spule mit Luftspalt erfordert höheren Spulenstrom

Lösungen zu: Aufgabe 9, Gemischte Schaltung (Seite 16 und 17)

1 $\boldsymbol{X_L} = \omega \cdot L = \mathbf{314\ \Omega}$; $\quad \boldsymbol{X_C} = \frac{1}{\omega \cdot C} = \mathbf{677\ \Omega}$

2 $I_{w2} = \frac{U_2}{R_2} = \mathbf{100\ mA}$; $\quad I_{bC} = \frac{U_2}{X_C} = \mathbf{148\ mA}$

$I = \sqrt{I_{w2}^2 + I_{bC}^2} = \mathbf{179\ mA}$; $\quad \cos\varphi_2 = \frac{I_{w2}}{I} = 0{,}559 \Rightarrow \boldsymbol{\varphi_2} = \mathbf{56°}$

3 $\boldsymbol{U_{w1}} = I \cdot R_1 = \mathbf{27\ V}$; $\quad \boldsymbol{U_{bL}} = I \cdot X_L = \mathbf{56\ V}$

$\boldsymbol{U_1} = \sqrt{U_{w1}^2 + U_{bL}^2} = \mathbf{62\ V}$; $\quad \cos\varphi_1 = \frac{U_{w1}}{U_1} = 0{,}44 \Rightarrow \boldsymbol{\varphi_1} = \mathbf{64°}$

4

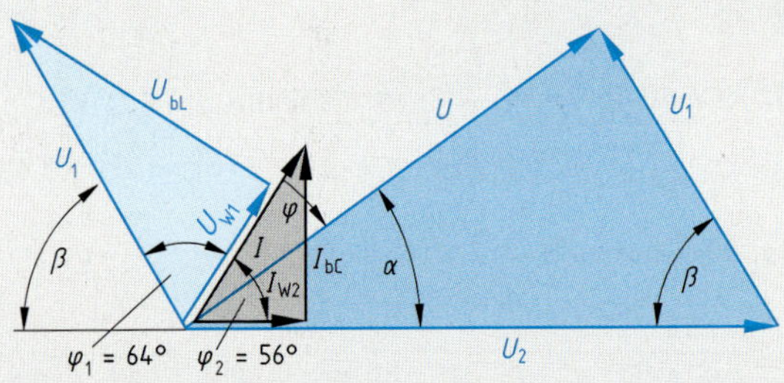

5 $\boldsymbol{\beta} = 180° - \varphi_1 - \varphi_2 = \mathbf{60°}$; $\quad \boldsymbol{U} = \sqrt{U_1^2 + U_2^2 - 2 \cdot U_1 \cdot U_2 \cdot \cos\beta} = \mathbf{87\ V}$

$\cos\alpha = \frac{U^2 + U_2^2 - U_1^2}{2 \cdot U_2 \cdot U} = 0{,}7888 \Rightarrow \alpha = 38°$

6 $\boldsymbol{\varphi} = \varphi_2 - \alpha = 56° - 38° = \mathbf{18°}$

7 Gesamtstrom I eilt der Spannung U vor ⇒ kapazitives Verhalten

Lösungen zu: Aufgabe 10, Leuchtstofflampen in Duoschaltung (Seite 18 und 19)

1 $\boldsymbol{S} = U \cdot I = 230\ \text{V} \cdot 0{,}67\ \text{A} = \mathbf{154\ VA}$

$\boldsymbol{P_1} = P - P_2 = 70\ \text{W} - 58\ \text{W} = \mathbf{12\ W}$

$\boldsymbol{Q_L} = \sqrt{S^2 - P^2} = \mathbf{137\ var}$

2

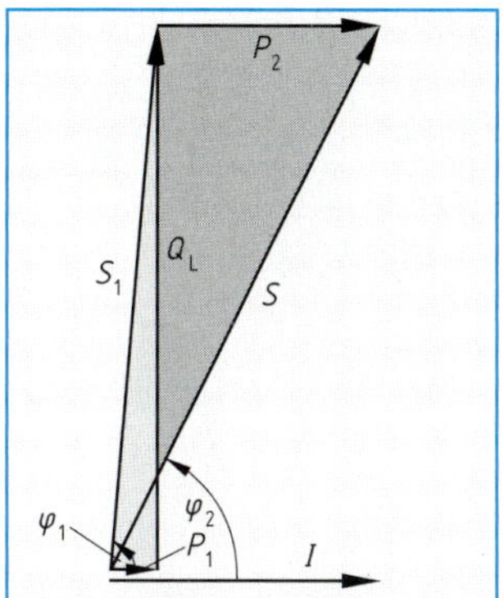

Bild: Zeigerdiagramm der Leistungen

3 Aus Bild: $\boldsymbol{\varphi_1 = 84°} \Rightarrow \boldsymbol{\cos\varphi_1 = 0{,}1}$

$\tan\varphi_1 = \frac{Q_L}{P_1} = 11{,}42$

$\boldsymbol{\cos\varphi_1 = 0{,}087} \Rightarrow \boldsymbol{\varphi_1 = 85°}$

4 $U_{w1} = \frac{P_1}{I} = 17{,}9\ \text{V}; \quad U_{bL} = \frac{Q_L}{I} = 204{,}5\ \text{V}$

$\boldsymbol{U_1} = \sqrt{U_{w1}^2 + U_{bL}^2} = \mathbf{205{,}3\ V}$

5 Aus Bild: $S \mathrel{\hat{=}} 7{,}7\ \text{cm} \Rightarrow \boldsymbol{S} = \mathbf{154\ VA}$

6 Aus Bild: $\boldsymbol{\varphi_2 = 62°} \Rightarrow \boldsymbol{\cos\varphi_2 = 0{,}47}$

$\boldsymbol{\cos\varphi_2} = \frac{P_1 + P_2}{S} = \frac{12\ \text{W} + 58\ \text{W}}{154\ \text{VA}} = \mathbf{0{,}45} \Rightarrow \boldsymbol{\varphi_2 = 62{,}6°}$

Der Wert $\cos\varphi = 0{,}45$ stimmt mit der Angabe auf dem Leistungsschild fast überein.

7 $\cos\varphi = 1 \Rightarrow Q_C = 2 \cdot Q_L = 274\ \text{var}$

$Q_C = I^2 \cdot X_C \Rightarrow \boldsymbol{C} = \frac{I^2}{\omega \cdot Q_C} = \mathbf{5{,}2\ \mu F}$

Angabe auf dem Leistungsschild $C = 5{,}3\ \mu\text{F}$

Lösungen zu: Aufgabe 11, Blindstromkompensation von Drehstrom-Asynchronmotoren (Seite 20 und 21)

1 $\boldsymbol{n_s} = \frac{f}{p} = \frac{50\ {}^1/\text{s}}{2} = 25\ \frac{1}{\text{s}} = \mathbf{1500\ \frac{1}{min}}$

M1: 7,5 kW, 132 M, 1465 $^1/\text{min}$, 400 V, 14,3 A, 0,84, 90,1%; M2: 22 kW, 180 M, 1481 $^1/\text{min}$, 400 V, 41,4 A, 0,82, 93%

2 $\boldsymbol{Q_{C1}} = 0{,}9 \cdot Q_{L1(\text{Leerlauf})} = 0{,}9 \cdot 3{,}6\ \text{kvar} = \mathbf{3{,}24\ kvar}$; $\boldsymbol{Q_{C2}} = 0{,}9 \cdot Q_{L2(\text{Leerlauf})} = \mathbf{9{,}9\ kvar}$

3 $C_1 = \frac{Q_{C1}}{\omega \cdot U^2} = 64{,}5\ \mu\text{F} \Rightarrow \boldsymbol{C_{Str1}} = \mathbf{21{,}5\ \mu F}$; $C_2 = \frac{Q_{C2}}{\omega \cdot U^2} = 197\ \mu\text{F} \Rightarrow \boldsymbol{C_{Str2}} = \mathbf{65{,}7\ \mu F}$

4 $\boldsymbol{C_1 = 3 \cdot 13{,}7\ \mu F}$, $\boldsymbol{C_2 = 3 \cdot 55\ \mu F}$

5 $P_1 = \frac{P_2}{\eta} = \frac{7{,}5\ \text{kW}}{0{,}901} = 8{,}32\ \text{kW}$; $\cos\varphi_1 = 0{,}84 \Rightarrow \varphi_1 = 32{,}9°$; $\tan\varphi_1 = \frac{Q_{L1}}{P_1} \Rightarrow Q_{L1} = P_1 \cdot \tan\varphi_1 = 8{,}32\ \text{kW} \cdot \tan 32{,}9° = 5382\ \text{var}$

$Q_{C1} = \omega \cdot U^2 \cdot C_1 = 2066\ \text{var}$, nach Kompensation: $\tan\varphi_1 = \frac{Q_{L1} - Q_{C1}}{P_1} = 0{,}40 \Rightarrow \boldsymbol{\cos\varphi_1 = 0{,}93}$; $\boldsymbol{\cos\varphi_2 = 0{,}93}$

6 M1: $\boldsymbol{p_{\%}} = \frac{Q_{C1} \cdot 100\,\%}{P} = \mathbf{27{,}5\,\%}$, M2: $\boldsymbol{p_{\%}} = \mathbf{37{,}7\,\%}$

7 M1: $I_{1(\text{neu})} = \frac{P}{\sqrt{3} \cdot U \cdot \cos\varphi_1 \cdot \eta} = \mathbf{12{,}9\ A}$; aus Tabelle $I_{1(\text{alt})} = \mathbf{14{,}3\ A}$

M2: $I_{2(\text{neu})} = \mathbf{36{,}7\ A}$; aus Tabelle $I_{2(\text{alt})} = \mathbf{41{,}4\ A}$

8 M1: Tabelle, Seite 64, $I_N = 16\ \text{A} \Rightarrow \boldsymbol{A} = \mathbf{1{,}5\ mm^2}$

vor Kompensation $\boldsymbol{P_{v(alt)}} = \frac{3 \cdot I_{1(\text{alt})}^2 \cdot l}{\gamma \cdot A} = \mathbf{201\ W}$; nach Kompensation $\boldsymbol{P_{v(neu)}} = \mathbf{149\ W}$

M2: Gewählt bei $I_N = 50\ \text{A} \Rightarrow \boldsymbol{A} = \mathbf{10\ mm^2}$

vor Kompensation $\boldsymbol{P_{v(alt)}} = \frac{3 \cdot I_{2(\text{alt})}^2 \cdot l}{\gamma \cdot A} = \mathbf{270\ W}$; nach Kompensation $\boldsymbol{P_{v(neu)}} = \mathbf{216\ W}$

Lösungen zu: Aufgabe 12, Drehstrom, Stern-Dreieckschaltung (Seite 22)

Sternschaltung

1 $I = I_{Str} = \frac{U_{Str}}{R_{Str}} = \mathbf{5{,}75\ A}$; $\boldsymbol{P} = 3 \cdot U_{Str} \cdot I_{Str} = \mathbf{4\ kW}$

2 $\boldsymbol{n} = P \cdot C_Z = 1600\ \frac{1}{\text{h}} \Rightarrow$ in 3 Minuten: **80 Umdrehungen**

3 $\boldsymbol{P} = \frac{U^2}{2 \cdot R_{Str}} = \mathbf{2\ kW}$

Dreieckschaltung

4 $I_\triangle = 3 \cdot I_Y = \mathbf{17{,}25\ A}$; $\boldsymbol{P_\triangle} = 3 \cdot P_Y = \mathbf{12\ kW}$

5 $P \sim U^2 \Rightarrow \boldsymbol{P'} = 12\ \text{kW} \cdot 0{,}9^2 = \mathbf{9{,}7\ kW}$

6 $\boldsymbol{P'} = \frac{P_\triangle}{2} = \mathbf{6\ kW}$

Lösungen zu: Aufgabe 13, Antriebstechnik, Zahnrad- und Riementrieb (Seite 23)

1 $\boldsymbol{i} = \frac{z_2}{z_1} \cdot \frac{d_b}{d_a} = \mathbf{10}$

2 Motor: $p = 4 \Rightarrow n_S = 750\ {}^1/\text{min}$; $n_n = n_S - s = 700\ {}^1/\text{min}$

$n_{Reibrad} = n_b = \frac{n_n}{i} = 70\ {}^1/\text{min}$; $\boldsymbol{v} = d_{Reibrad} \cdot \pi \cdot n_b = \mathbf{1{,}5\ \frac{m}{s}}$

3 $P_{Nutz} = P \cdot \eta_G = 2{,}16\ \text{kW}$; $M = \frac{P_{Nutz}}{\omega} = \frac{P_{Nutz} \cdot 9549}{n_b} = 295\ \text{Nm}$; $\boldsymbol{F} = \frac{M}{r_{Reibrad}} = \mathbf{1{,}47\ kN}$

4 $I = \frac{P}{\eta \cdot \sqrt{3} \cdot U \cdot \cos\varphi} = \mathbf{7{,}5\ A}$

Lösungen zu: Aufgabe 14, Gleichstromnebenschlussmotor (Seite 24)

1 $I_{A0} = I_0 - I_e = I_0 - \frac{U}{R_e} = 0{,}5\ \text{A}$; $\quad U_{i0} = U - U_B - I_{A0} \cdot (R_{wp} + R_A) = \mathbf{497{,}5\ V}$

2 Aus Bild: $n = \mathbf{1600\ min^{-1}}$

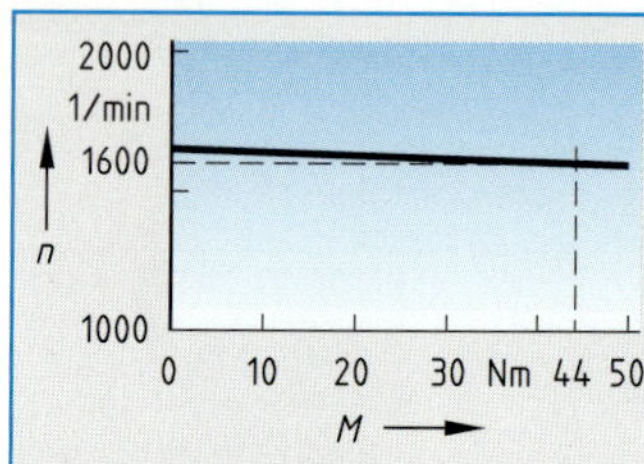

Bild: Zu Frage 2

3 $P_{2M} = M \cdot \omega = 44\ \text{Nm} \cdot 2 \cdot \pi \cdot (1600/60)\ \text{s}^{-1} = \mathbf{7{,}37\ kW}$

4 $P_{2P} = P_{2M} \cdot \eta_P = 5{,}16\ \text{kW}$; $W = P_{2P} \cdot t = m \cdot g \cdot h \Rightarrow m = \frac{P_{2P} \cdot t}{g \cdot h} = \frac{5160\ \text{W} \cdot 3600\ \text{s}}{9{,}81\ \text{m/s}^2 \cdot 20\ \text{m}} = \mathbf{94{,}7\ m^3}$

5 $\frac{U_{ib}}{U_{i0}} = \frac{n_b}{n_0} \Rightarrow U_{ib} = U_{i0} \cdot \frac{n_b}{n_0} = 482{,}1\ \text{V}$; $\quad I_A = \frac{U - U_{ib} - U_B}{R_A + R_{wp}} = 15{,}87\ \text{A}$

$I = I_A + I_e = I_A + \frac{U}{R_e} = \mathbf{16{,}37\ A}$

6 $P_{1M} = U \cdot I = 8184\ \text{W}$; $\quad \eta_M = \frac{P_{2M}}{P_{1M}} = \mathbf{90\ \%}$

7 $P_{vmech} = P_v - P_{vel} = (P_1 - P_2) - I_A^2 \cdot (R_A + R_{wp}) - \frac{U^2}{R_e} - U_B \cdot I_A = \mathbf{280\ W}$

Lösungen zu: Aufgabe 15, Auswahl eines Antriebsmotors (Seite 25)

1 **Bemessungsleistung;** **2** $P_1 = \frac{W}{t} = \frac{m \cdot g \cdot h}{\eta_B \cdot \eta_P \cdot t} = \frac{2200\ \text{kg} \cdot 9{,}81\ \text{m/s}^2 \cdot 2\ \text{m}}{0{,}7 \cdot 0{,}82 \cdot 15\ \text{s}} = \mathbf{5013\ W}$

3 Aus Tabelle, vordere Umschlaginnenseite:

4 **Typ: 132 S, Bemessungsleistung:** $P = 5{,}5$ **kW, Bemessungsdrehzahl:** $n = \mathbf{1475\ min^{-1}}$

$M = \frac{P_1}{\omega} = \frac{5013\ \text{W}}{2\pi \cdot 1475/60\ \text{s}} = 32{,}5\ \text{Nm}$; $\quad M_{AP} = 1{,}05 \cdot M = 34{,1}\ \text{Nm}$

$M_N = 35{,}6\ \text{Nm}$; $\quad M_A = 2{,}8 \cdot M_N = 99{,}7\ \text{Nm} > M_{AP}$

5 $I_A = 8{,}2 \cdot I_N = 8{,}2 \cdot 10{,}5\ \text{A} = 86{,}1\ \text{A} > 60\ \text{A} \Rightarrow$ kein Direktanlauf zulässig

Y△-Anlauf: $M_{AY} = M_{A\triangle}/3 = 99{,}7\ \text{Nm}/3 = 33{,}2\ \text{Nm} < 34{,}1\ \text{Nm}$

$\Rightarrow$ **der 5,5-kW-Motor ist nicht geeignet.**

6 Alternative: 7,5-kW-Motor: $M_N = 48{,}9\ \text{Nm}$; $\quad M_A = 2{,}6 \cdot M_N = 127\ \text{Nm}$,

$M_{AY} = M_{A\triangle}/3 = 42{,}4\ \text{Nm} > 34{,}1\ \text{Nm} \Rightarrow$ **der 7,5-kW-Motor ist geeignet.**

7 $s_N = \frac{n_s - n}{n_s} \cdot 100\ \% = \mathbf{1{,}67\ \%}$; **8** $s = \frac{n_s - n}{n_s} = \frac{1500\ ^1/\text{min} - 1477\ ^1/\text{min}}{1500\ ^1/\text{min}} \cdot 100\ \% = \mathbf{1{,}53\%}$

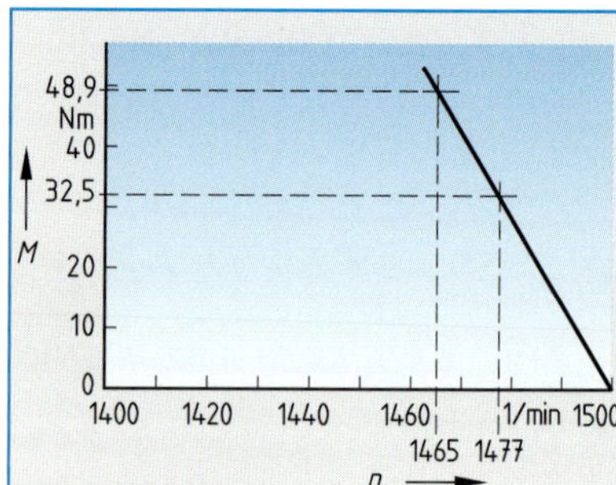

Bild: Zu Frage 8

Lösungen zu: Aufgabe 16, Elektrische Maschinen, Drehstrom-Asynchronmotor (Seite 26)

1

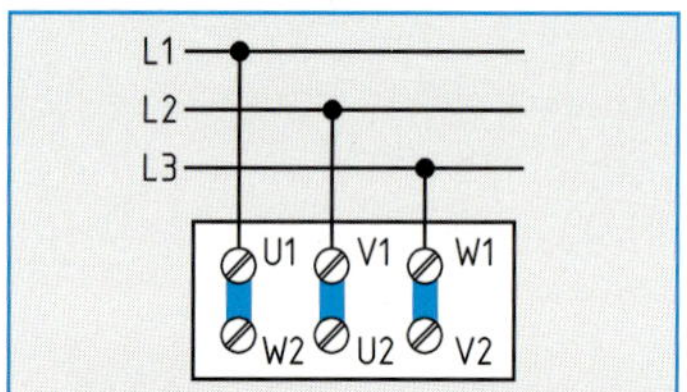

Bild: Schaltung: Dreieck

2 $n_s = 1500\ \text{min}^{-1}$; $\quad p = \frac{f}{n_s} = \mathbf{2}$

$s_N = \frac{(n_s - n) \cdot 100\ \%}{n_s} = \mathbf{3{,}3\ \%}$

Bild 3: $n_{Kipp} = 1100\ \text{min}^{-1}$; $\quad s_{Kipp} = \mathbf{26{,}7\ \%}$

3 $P_1 = \sqrt{3} \cdot U \cdot I \cdot \cos\varphi = 6524\ \text{W}$

$\eta = \frac{P}{P_1} = \mathbf{84\ \%}$; $\quad P_v = P_1 - P = \mathbf{1024\ W}$

4 $M_N = \frac{P}{\omega} = \frac{P}{2 \cdot \pi \cdot n} = \mathbf{36{,}2\ Nm}$

5 Bild 3: $M_A = 2{,}2 \cdot M_N = \mathbf{80\ Nm}$
$M_K = 2{,}8 \cdot M_N = \mathbf{101\ Nm}$

6 $I_Y = \frac{I_\triangle}{\sqrt{3}} = \mathbf{6{,}2\ A}$

7 $I_{A\triangle} = 7 \cdot I_{N\triangle} = 74{,}9\ \text{A}$; $\quad I_{AY} = \frac{I_{A\triangle}}{3} = \mathbf{25\ A}$

Lösungen zu: Aufgabe 17, Berechnen eines Steuertransformators (Seite 27)

1

Tabelle 2: Berechnung der Transformatorleistung

Motor	*P* in kW	Baugröße Leistungsschütz	Spulenleistung in VA
M1	15	2	16
M2	7,5	1	14
M3	11	1	14
M4	4	0	10
M5	2,2	00	8,5
Zusätzliche Steuereinrichtungen			
6 Meldeleuchten 24 V, 2 VA			12
4 Steuerschütze AC 24 V			18,4
Gesamte Steuerleistung:			**92,9**

2 Gesamte Steuerleistung des Transformators: **92,9 VA**

Bauleistung $S_B = \frac{\text{Steuerleistung} \cdot 100\ \%}{80\ \%} = 116\ \text{VA}$

3 Kernblechschnitt: M 102 a; $S = 120\ \text{VA}$

4 Aus Datenblatt, hintere Umschlaginnenseite:
Eingangswicklung 3,26 $^1/\text{V}$; Ausgangswicklung 3,5 $^1/\text{V}$
$N_1 = U_1 \cdot 3{,}26\ ^1/\text{V} = \mathbf{750}$; $\quad N_2 = U_2 \cdot 3{,}5\ ^1/\text{V} = \mathbf{84}$

5 Bei $\cos\varphi = 1$ gilt: $S_2 = P_2 = 120\ \text{VA}$

$I_1 = \frac{P_2}{U_1 \cdot \eta} = 0{,}59\ \text{A}$; $\quad A_1 = \frac{I_1}{J_1} = 0{,}236\ \text{mm}^2$

$d_1 = \sqrt{\frac{A_1 \cdot 4}{\pi}} = \mathbf{0{,}548\ mm}$; $\quad I_2 = \frac{P_2}{U_2} = 5\ \text{A}$

$A_2 = \frac{I_2}{J_2} = 1{,}78\ \text{mm}^2$; $\quad d_2 = \sqrt{\frac{A_2 \cdot 4}{\pi}} = \mathbf{1{,}5\ mm}$

Lösungen zu: Aufgabe 18, Parallelschalten von Transformatoren (Seite 28 und 29)

1 $I_1 = \ddot{u}_A \cdot I_2 = \mathbf{740\ A}$; **2** $\boldsymbol{S} = U \cdot I \cdot \sqrt{3} = \mathbf{512{,}7\ kVA}$; **3** $\boldsymbol{P} = \frac{n}{C_Z} \cdot \ddot{u}_A = \mathbf{384\ kW}$; **4** $\cos \boldsymbol{\varphi} = \frac{P}{S} = \mathbf{0{,}749}$

5 $\boldsymbol{u}_k = \frac{\Sigma S_N}{\frac{S_{N1}}{u_{k1}} + \frac{S_{N2}}{u_{k2}}} = \mathbf{4{,}71\,\%}$; $\boldsymbol{S}_{T1} = S_{N1} \cdot \frac{u_k}{u_{k1}} \cdot \frac{\Sigma S}{\Sigma S_N} = \mathbf{214\ kVA}$; $\boldsymbol{S}_{T2} = S_{N2} \cdot \frac{u_k}{u_{k2}} \cdot \frac{\Sigma S}{\Sigma S_N} = \mathbf{299\ kVA}$

6 Belastung durch bestehende Anlage:

$S_1 = 512{,}7$ kVA; $P_1 = 384$ kW; $Q_{L1} = P_1 \cdot \tan\varphi = 339{,}7$ kvar

Belastung durch Erweiterung Hydraulikpumpe:

$P_{ab} = 55$ kW; $P_{zu} = \frac{P_{ab}}{\eta} = 60{,}44$ kW; $S_2 = \frac{P_{zu}}{\cos\varphi} = 68{,}7$ kVA; $Q_{L2} = P_{zu} \cdot \tan\varphi = 32{,}6$ kvar

Belastung nach der Erweiterung durch die Hydraulikpumpe:

$S = \sqrt{P^2 + Q_L^2} = \sqrt{(P_1 + P_2)^2 + (Q_{L1} + Q_{L2})^2} = 579{,}8$ kVA

$S = \mathbf{579{,}8\ kVA > 565\ kVA} \Rightarrow$ **Überlastung**

7 Bei gleichartiger Belastung und gleichem Wirkfaktor gilt: $S = S_1 + S_2$

$S_1 = \frac{P}{\cos\varphi_2} = 436{,}4$ kVA; $S = S_1 + S_2 = 436{,}4\ \text{kVA} + 68{,}7\ \text{kVA} = 505{,}1$ kVA

$\boldsymbol{S} = \mathbf{505{,}1\ kVA < 565\ kVA} \Rightarrow$ **Anschluss der Hydraulikpumpe nach Kompensation möglich.**

8 $\boldsymbol{S}_{T1} = S_{N1} \cdot \frac{u_k}{u_{k1}} \cdot \frac{\Sigma S}{\Sigma S_N} = \mathbf{210{,}5\ kVA}$; $I_{T1} = \frac{S_{T1}}{U \cdot \sqrt{3}} = \mathbf{304\ A}$; $\boldsymbol{S}_{T2} = S_{N2} \cdot \frac{u_k}{u_{k2}} \cdot \frac{\Sigma S}{\Sigma S_N} = \mathbf{294{,}7\ kVA}$; $I_{T2} = \frac{S_{T2}}{U \cdot \sqrt{3}} = \mathbf{425\ A}$

Lösungen zu: Aufgabe 19, Schutzmaßnahmen (Seite 30)

1 **Netz: TN-C-System; Hausinstallation TN-S-System**

2 $\boldsymbol{R}_X = \frac{U_X}{I} = \frac{230\ \text{V}}{4{,}67\ \text{mA}} = \mathbf{49{,}2\ k\Omega}$

3 $I_F = \frac{U_0}{R_K + R_X + R_E} = \mathbf{4{,}57\ mA}$; $\boldsymbol{U}_B = I_F \cdot R_K = \mathbf{4{,}57\ V}$

4

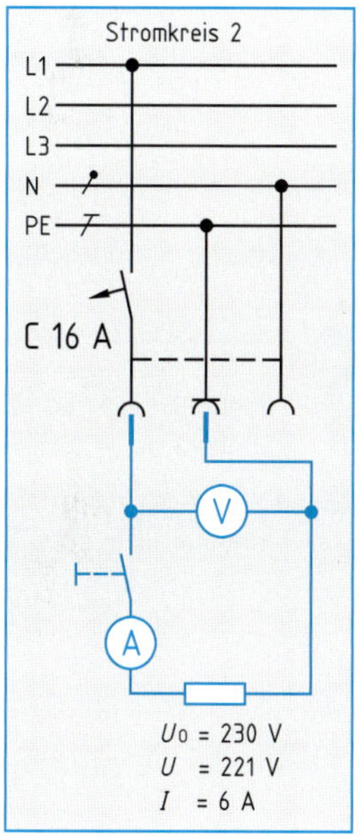

5 Nach DIN VDE 0100, Teil 410: $\boldsymbol{t}_a = \mathbf{0{,}4\ s}$

6 $\boldsymbol{Z}_S = \frac{U_0 - U}{I} = \mathbf{1{,}5\ \Omega}$; $I_k = \frac{U_0}{Z_S} = \mathbf{153\ A}$

I_a bei $t_a \leq 0{,}4$ s: $I_a = 5 \cdot I_N = 5 \cdot 16\ \text{A} = 80$ A; $I_k > I_a$

Schutzeinrichtung löst innerhalb der vorgeschriebenen Zeit aus.

7 **TT-System**

8 $R_A \leq \frac{U_L}{I_a}$; $U_B = R_A \cdot 5 \cdot I_N = 2\,\Omega \cdot 5 \cdot 16\ \text{A} = 160$ V;

$\boldsymbol{U}_B \gg \boldsymbol{U}_L$ **nicht zulässig** (Schutz gegen elektrischen Schlag besteht nicht.)

Lösungen zu: Aufgabe 20, Bemessen von Leitungen (Seite 31)

1 $I = \frac{P}{U \cdot \cos\varphi \cdot \eta} = \mathbf{13{,}9\ A}$ $I_N = \mathbf{16\ A}$

2 Verlegeart **B2**, 2 belastete Adern; $\boldsymbol{f}_1 = \mathbf{0{,}94}$; $\boldsymbol{f}_2 = \mathbf{0{,}65}$; $\boldsymbol{f}_3 = \mathbf{1}$

$I_Z \geq I_N$; $I_r = \frac{I_Z}{f_1 \cdot f_2 \cdot f_3} = \frac{16\ \text{A}}{0{,}94 \cdot 0{,}65 \cdot 1} = 26{,}2$ A

3 Leiterquerschnitt $\boldsymbol{A} = \mathbf{4\ mm^2}$

$\Delta \boldsymbol{U} = \frac{2 \cdot l \cdot I \cdot \cos\varphi}{\gamma \cdot A} = \mathbf{5{,}63\ V}$

$\Delta \boldsymbol{u} = \frac{\Delta U \cdot 100\,\%}{U} = \mathbf{2{,}45\,\%}$

2,45 % < 3 % ⇒ zulässig

Lösungen zu: Aufgabe 21, Elektrische Anlagen, Elektroinstallation (Seite 32)

2 Verlegeart: **B2**; Leitungslänge **22 m**

3 **Stern-Dreieck-Anlauf**

4 $\boldsymbol{P} = \mathbf{11\ kW}$, $\boldsymbol{U} = \mathbf{400\ V}$, $I_N = \mathbf{20{,}5\ A}$,
$\boldsymbol{\eta} = \mathbf{92{,}2\%}$, $\cos\boldsymbol{\varphi} = \mathbf{0{,}84}$

5 **25 A**

6 $\boldsymbol{A} = \mathbf{4\ mm^2}$; $I_Z = f_1 \cdot I_r = 1{,}06 \cdot 26\ \text{A} = \mathbf{27{,}6\ A}$

7 $\Delta U = \frac{\sqrt{3} \cdot I \cdot l \cdot \cos\varphi}{\gamma \cdot A} = \mathbf{2{,}93\ V}$

8 **a)** $\Delta \boldsymbol{u} \leq \mathbf{3\,\%}$; **b)** $\Delta \boldsymbol{U} = \mathbf{12\ V}$

9 $l = \frac{\Delta U \cdot \gamma \cdot A}{\sqrt{3} \cdot I \cdot \cos\varphi} = \mathbf{90\ m}$

10 $P_v = \frac{3 \cdot I^2 \cdot l}{\gamma \cdot A} = \mathbf{506\ W}$; $\boldsymbol{P}_{v\%} = \frac{P_v \cdot 100\,\%}{P_N} = \mathbf{4{,}6\%}$

Lösungen zu: Aufgabe 22, Elektrische Anlagen, Verzweigte Leitungen (Seite 34)

1 $l_{04} = \mathbf{14{,}5\ m}$; $\quad \Delta U_4' = \frac{2 \cdot I \cdot l}{\gamma \cdot A} = \frac{2 \cdot 16\ \text{A} \cdot 14{,}5\ \text{m}}{56\ \text{m}/(\Omega \cdot \text{mm}^2) \cdot 1{,}5\ \text{mm}^2} = \mathbf{5{,}5\ V}$; $\quad \Delta u_4' = \frac{5{,}5\ \text{V} \cdot 100\ \%}{230\ \text{V}} = \mathbf{2{,}4\ \%}$

2 **Längen:** 0 bis 1 ⇒ 0,092 m · 50 = **4,6 m**; 1 bis 2 ⇒ **2,0 m**; 2 bis 3 ⇒ **4,0 m**; 3 bis 4 ⇒ **3,9 m**
Ströme: 0 bis 1 ⇒ **16 A**; 1 bis 2 ⇒ **12 A**; 2 bis 3 ⇒ **8,0 A**; 3 bis 4 ⇒ **4,0 A**

3 $$\Delta U_4 = \frac{2 \cdot \Sigma(I \cdot l)}{\gamma \cdot A} = \frac{2 \cdot (16\ \text{A} \cdot 4{,}6\ \text{m} + 12\ \text{A} \cdot 2{,}0\ \text{m} + 8{,}0\ \text{A} \cdot 4{,}0\ \text{m} + 4{,}0\ \text{A} \cdot 3{,}9\ \text{m})}{56\ \text{m}/(\Omega \cdot \text{mm}^2) \cdot 1{,}5\ \text{mm}^2} = \frac{2 \cdot 145{,}2\ \text{Am}}{56\ \text{m}/(\Omega \cdot \text{mm}^2) \cdot 1{,}5\ \text{mm}^2} = \mathbf{3{,}5\ V}$$

$$\Delta u_4 = \frac{3{,}5\ \text{V} \cdot 100\ \%}{230\ \text{V}} = \mathbf{1{,}5\ \%}$$

4 $$P_v = \frac{2 \cdot \Sigma(I^2 \cdot l)}{\gamma \cdot A} = \frac{2 \cdot (16^2\ \text{A}^2 \cdot 4{,}6\ \text{m} + 12^2\ \text{A}^2 \cdot 2{,}0\ \text{m} + 8{,}0^2\ \text{A}^2 \cdot 4{,}0\ \text{m} + 4{,}0^2\ \text{A}^2 \cdot 3{,}9\ \text{m})}{56\ \text{m}/(\Omega \cdot \text{mm}^2) \cdot 1{,}5\ \text{mm}^2} = \frac{2 \cdot 1784\ \text{A}^2 \cdot \text{m}}{56\ \text{m}/(\Omega \cdot \text{mm}^2) \cdot 1{,}5\ \text{mm}^2} = \mathbf{42{,}5\ W}$$

$$P_{v\%} = \frac{42{,}5\ \text{W} \cdot 100\%}{230\ \text{V} \cdot 16\ \text{A}} = \mathbf{1{,}2\ \%}$$

5 **Längen:** 0 bis 5 ⇒ 0,122 m · 50 = **6,1 m**; 5 bis 6 ⇒ **2,0 m**; 6 bis 7 ⇒ **2,0 m**
Leistungen: 0 bis 5 ⇒ 1280 W · 3 = **3840 W**; 5 bis 6 ⇒ 1280 W · 2 = **2560 W**; 6 bis 7 ⇒ **1280 W**

6 $$\Delta U_7 = \frac{2 \cdot \Sigma(P \cdot l)}{\gamma \cdot A \cdot U} = \frac{2 \cdot (3840\ \text{W} \cdot 6{,}1\ \text{m} + 2560\ \text{W} \cdot 2{,}0\ \text{m} + 1280\ \text{W} \cdot 2{,}0\ \text{m})}{56\ \text{m}/(\Omega \cdot \text{mm}^2) \cdot 1{,}5\ \text{mm}^2 \cdot 230\ \text{V}} = \frac{2 \cdot 31\,104\ \text{Wm}}{56\ \text{m}/(\Omega \cdot \text{mm}^2) \cdot 1{,}5\ \text{mm}^2 \cdot 230\ \text{V}} = \mathbf{3{,}2\ V}$$

$$\Delta u_7 = \frac{3{,}2\ \text{V} \cdot 100\%}{230\ \text{V}} = \mathbf{1{,}4\ \%}$$

7 Maßstab für das Diagramm: 1,0 A ≙ 1,0 cm
$\cos \varphi_L = 0{,}45 \Rightarrow \varphi_L = 63°$

$I_L = \frac{4 \cdot 70\ \text{W}}{230\ \text{V} \cdot 0{,}45} = 2{,}71\ \text{A}$; $\quad I_H = \frac{1000\ \text{W}}{230\ \text{V}} = 4{,}35\ \text{A}$

Diagramm: 6,1 cm ⇒ I_{67} = **6,1 A** ⇒ $I_{05} = 3 \cdot 6{,}1\ \text{A} = 18{,}3\ \text{A}$

Datenblatt, Seite 64: Zulässig 19,5 A · 1,06 = 20,7 A ⇒ A = **1,5 mm² reicht.**

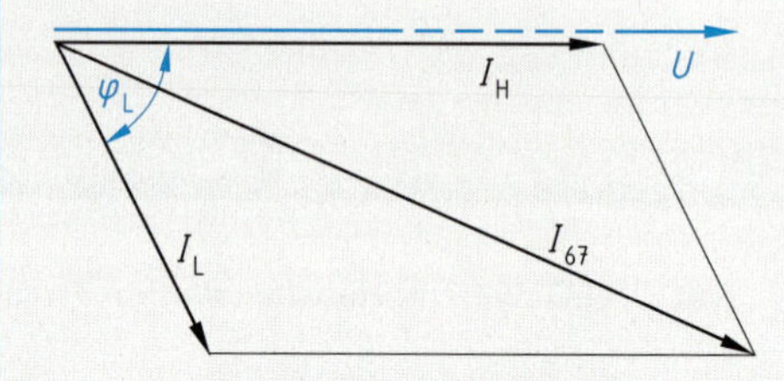

Bild: Zeigerdiagramm zu Teilaufgabe 7

Lösungen zu: Aufgabe 23, Elektrische Anlagen, Beleuchtungstechnik (Seite 36)

1 $k = \frac{l \cdot b}{h \cdot (l + b)} = 1{,}78$ gewählt: **k = 2**

2 Tabelle 3: η_{LB} = **60 %**; Tabelle 1: $\varrho_1 = 0{,}8$, $\varrho_2 = 0{,}3$
Tabelle 3: η_R = **89 %**

3 $A = l \cdot b = 80{,}5\ \text{m}^2$; $\quad \eta_B = \eta_{LB} \cdot \eta_R = 0{,}53$
Tabelle 2: $WF = 0{,}67$; Tabelle 4: $\Phi_{La} = 4450\ \text{lm}$

$n = \frac{\bar{E}_V \cdot A}{\Phi_{La} \cdot \eta_B} \cdot WF = 25{,}5$ gewählt: **28 (2 × 14) Lampen**

4 z = **7 zweilampige Leuchten** je Band

5 $\bar{E}_v = \frac{\Phi_{La} \cdot n \cdot \eta_B}{A} = \mathbf{820\ lx}$

6 $P = n \cdot P_1 = 28 \cdot 59\ \text{W} = 1652\ \text{W}$

$\cos \varphi = 0{,}97$; $\quad I = \frac{P}{U \cdot \cos \varphi} = \mathbf{7{,}4\ A}$

7 **Kosten** = $P \cdot t \cdot$ Arbeitspreis = **25,11 €**

Lösungen zu: Aufgabe 24, Elektrische Anlagen, Antennenanlage (Seite 38)

1 $U = U_0 \cdot 10^{Lu/20\ \text{dB}} = 1\ \mu\text{V} \cdot 10^{75\text{dB}\mu\text{V}/20\ \text{dB}} = 5623\ \mu\text{V} = \mathbf{5{,}623\ mV}$

2 $A_{ges} = A_M + A_K' + A_A = 4\ \text{dB} + 12\ \text{m} \cdot \frac{8{,}4\ \text{dB}}{100\ \text{m}} + 2\ \text{dB}$
$= 4\ \text{dB} + 1\ \text{dB} + 2\ \text{dB} = \mathbf{7\ dB}$

3 $A_K = (l_1 + l_3) \cdot A_K' = 34\ \text{m} \cdot \frac{40\ \text{dB}}{100\ \text{m}} = 13{,}6\ \text{dB}$

$A_{ges} = A_K + A_M + A_A = 13{,}6\ \text{dB} + 8\ \text{dB} + 2\ \text{dB} = 23{,}6\ \text{dB}$

$L_A = L_{e1} - A_{ges} = 75\ \text{dB}\mu\text{V} - 23{,}6\ \text{dB} = \mathbf{51{,}4\ dB}$

4 Nein, da 51,4 dB < 77 dBμV

5 $M_G = F_{w1} \cdot (l_1 + l_2 + l_3) + F_{w2} \cdot (l_2 + l_3) + F_{w3} \cdot l_3$
$= 62\ \text{N} \cdot 3{,}9\ \text{m} + 75\ \text{N} \cdot 2{,}7\ \text{m} + 360\ \text{N} \cdot 1{,}4\ \text{m} = \mathbf{948\ Nm}$

Lösungen zu: Aufgabe 25, Messtechnik, Indirekte Widerstandsermittlung (Seite 39)

1 **Widerstandswert:** R = **825 · 10⁰ Ω = 825 Ω**; **Toleranz:** ±2 %

2 $R_1 = \frac{U_1}{I_1} = \frac{8{,}00\ \text{V}}{9{,}1\ \text{mA}} = \mathbf{879\ \Omega}$; $\quad R_{iA} = \frac{U_{iA}}{b_{iA}} = \frac{450\ \text{mV}}{10\ \text{mA}} = 45\ \Omega$; $\quad R = \frac{U_1}{I_1} - R_{iA} = \frac{8{,}00\ \text{V}}{9{,}1\ \text{mA}} - 45\ \Omega = \mathbf{834\ \Omega}$

3 $R_2 = \frac{U_2}{I_2} = \frac{7{,}59\ \text{V}}{9{,}14\ \text{mA}} = \mathbf{830\ \Omega}$; $\quad R_{iV} = r_k \cdot b_{iV} = 20\ \frac{\text{k}\Omega}{\text{V}} \cdot 10\ \text{V} = 200\ \text{k}\Omega$; $\quad I_{iV2} = \frac{U_2}{R_{iV}} = \frac{7{,}59\ \text{V}}{200\ \text{k}\Omega} = 0{,}038\ \text{mA}$

$$R = \frac{U_2}{I_2 - I_{iV2}} = \frac{7{,}59\ \text{V}}{9{,}14\ \text{mA} - 0{,}038\ \text{mA}} = \frac{7{,}59\ \text{V}}{9{,}102\ \text{mA}} = \mathbf{834\ \Omega}$$

4 $R_o = 825\ \Omega \cdot 1{,}02 = \mathbf{842\ \Omega}$; $\quad R_u = 825\ \Omega \cdot 0{,}98 = \mathbf{809\ \Omega}$. **Nur der Näherungswert R_1 = 879 Ω liegt außerhalb.**

Lösungen zu: Aufgabe 26, Messtechnik, Auswertung eines Oszillogramms (Seite 40)

1 $A_x = 0{,}2\,\frac{\text{ms}}{\text{DIV}}$; $A_{y\text{I}} = 5\,\frac{\text{V}}{\text{DIV}}$; $A_{y\text{II}} = 1\,\frac{\text{V}}{\text{DIV}}$

2 $y_\text{I} = 4\text{ DIV}$; $\hat{u} = A_{y\text{I}} \cdot y_\text{I} = 5\,\frac{\text{V}}{\text{DIV}} \cdot 4{,}0\text{ DIV} = \mathbf{20\ V}$; $U = \frac{\hat{u}}{\sqrt{2}} = \mathbf{14{,}1\ V}$

$y_\text{II} = 4\text{ DIV}$; $\hat{u}_\text{RV} = A_{y\text{II}} \cdot y_\text{II} = 1\,\frac{\text{V}}{\text{DIV}} \cdot 4{,}0\text{ DIV} = \mathbf{4{,}0\ V}$; $U_\text{RV} = \frac{\hat{u}_\text{RV}}{\sqrt{2}} = \mathbf{2{,}8\ V}$

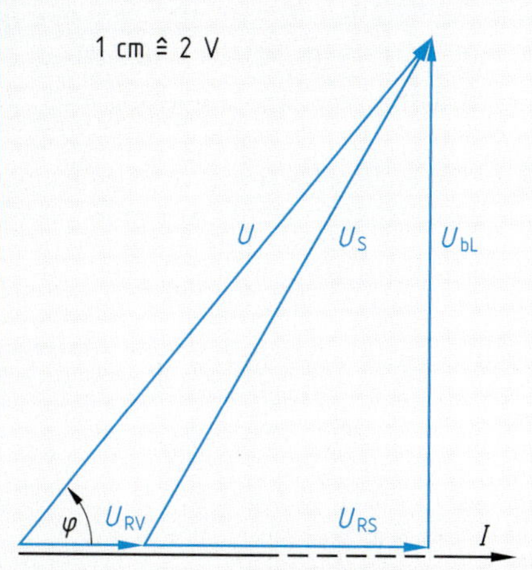

Bild: Diagramm zu Teilaufgabe 5, 6 und 7

3 $x_\text{T} = 10\text{ DIV}$; $T = A_x \cdot x_\text{T} = 0{,}2\,\frac{\text{ms}}{\text{DIV}} \cdot 10\text{ DIV} = \mathbf{2{,}0\ ms}$; $f = \frac{1}{T} = \frac{1}{2{,}0\text{ ms}} = \mathbf{500\ Hz}$

4 $\Delta x = 1{,}4\text{ DIV}$; $\Delta t = A_x \cdot \Delta x = 0{,}2\,\frac{\text{ms}}{\text{DIV}} \cdot 1{,}4\text{ DIV} = 0{,}28\text{ ms}$

$\varphi_\text{G} = \frac{\Delta t}{T} \cdot 360° = \frac{0{,}28\text{ ms}}{2{,}0\text{ ms}} \cdot 360° = \mathbf{50{,}4°}$; $\varphi_\text{B} = \frac{\Delta t}{T} \cdot 2\pi = \mathbf{0{,}88\ rad}$

5 $I = \frac{U_\text{RV}}{R_\text{V}} = \frac{2{,}8\text{ V}}{10\ \Omega} = \mathbf{0{,}28\ A}$; $U_\text{RS} = R_\text{S} \cdot I = 22{,}1\ \Omega \cdot 0{,}28\text{ A} = \mathbf{6{,}2\ V}$

7 **Diagramm:** 5,4 cm $\Rightarrow$ $U_\text{bL} = \mathbf{10{,}8\ V}$

8 **Diagramm:** 6,2 cm $\Rightarrow$ $U_\text{S} = \mathbf{12{,}4\ V}$

9 $U_\text{bL} = \sqrt{U^2 - (U_\text{RV} + U_\text{RS})^2} = \sqrt{14{,}1^2 - (2{,}8 + 6{,}2)^2}\text{ V} = \mathbf{10{,}9\ V}$

$U_\text{S} = \sqrt{U_\text{RS}^2 + U_\text{bL}^2} = \sqrt{6{,}2^2 + 10{,}9^2}\text{ V} = \mathbf{12{,}5\ V}$

10 $X_\text{L} = \frac{U_\text{bL}}{I} = \frac{10{,}9\text{ V}}{0{,}28\text{ A}} = \mathbf{38{,}9\ \Omega}$; $L = \frac{X_\text{L}}{\omega} = \frac{X_\text{L}}{2\pi \cdot f} = \frac{38{,}9\ \Omega}{2\pi \cdot 500\text{ 1/s}} = 12{,}4 \cdot 10^{-3}\,\frac{\text{Vs}}{\text{A}} = \mathbf{12{,}4\ mH}$

Lösungen zu: Aufgabe 27, Regelungstechnik, Regelkreis mit Proportionalregler (Seite 42)

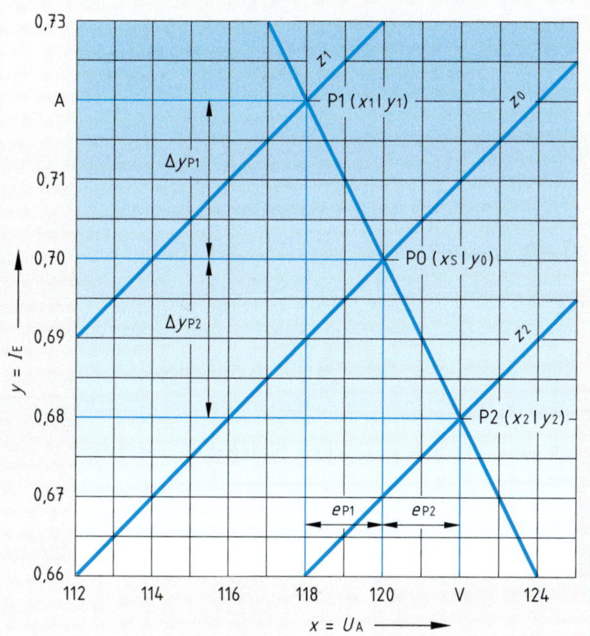

Bild: Zu Teilaufgaben 5 bis 11

1 Senkrechter Abstand der Regelstreckenkennlinien, z. B. $e_{z1} = 120\text{ V} - 114\text{ V} = \mathbf{+6{,}0\ V}$

2 $K_\text{S} = \frac{\Delta x}{\Delta y} = \frac{(124 - 112)\text{ V}}{(0{,}72 - 0{,}66)\text{ A}} = \mathbf{200\ \frac{V}{A}}$

3 $K_\text{RP} = -\frac{\Delta y}{\Delta x} = -\frac{(0{,}66 - 0{,}73)\text{ A}}{(124 - 117)\text{ V}} = \mathbf{0{,}010\ \frac{A}{V}}$

4 $V = K_\text{S} \cdot K_\text{RP} = 200\,\frac{\text{V}}{\text{A}} \cdot 0{,}010\,\frac{\text{A}}{\text{V}} = \mathbf{2{,}0}$

5 und **6** siehe **Bild**

7 z_0-Kennlinie der Regelstrecke und Reglerkennlinie Schnittpunkt $\mathbf{P0}(x_\text{S}|y_0)$ $\Rightarrow$ $x_\text{S} = \mathbf{120\ V}$, $y_0 = \mathbf{0{,}70\ A}$

8 $\mathbf{P1}(x_1|y_1)$ $\Rightarrow$ $x_1 = \mathbf{118\ V}$, $y_1 = \mathbf{0{,}72\ A}$

9 $y_1 = 0{,}72\text{ A}$, $y_0 = 0{,}70\text{ A}$
$\Rightarrow$ $y_\text{P1} = y_1 - y_0 = 0{,}72\text{ A} - 0{,}70\text{ A} = \mathbf{+0{,}020\ A}$
$x_\text{S} = 120\text{ V}$, $x_1 = 118\text{ V}$
$\Rightarrow$ $e_\text{P1} = x_\text{S} - x_1 = 120\text{ V} - 118\text{ V} = \mathbf{+2{,}0\ V}$

10 $R = \frac{e_\text{P1}}{e_{z1}} = \frac{2{,}0\text{ V}}{6{,}0\text{ V}} = \mathbf{0{,}33}$

11 siehe **Bild**

12 $\mathbf{P2}(x_2|y_2)$ $\Rightarrow$ $x_2 = \mathbf{122\ V}$ und $y_2 = \mathbf{0{,}68\ A}$
$\Rightarrow$ $\Delta y_\text{P2} = y_2 - y_0 = 0{,}68\text{ A} - 0{,}70\text{ A} = \mathbf{-0{,}020\ A}$
$e_\text{P2} = x_\text{S} - x_2 = 120\text{ V} - 122\text{ V} = \mathbf{-2\ V}$

Lösungen zu: Aufgabe 28, Digitaltechnik, Analyse von Binärschaltungen (Seite 44)

1

Tabelle 1: Funktionsgleichungen
U = A ∧ C
V = B ∧ C
W = U ∨ V = (A ∧ C) ∨ (B ∧ C)
X = A ∨ B ∨ $\overline{\text{C}}$

2 **Y** = X ∧ W = **(A ∨ B ∨ $\overline{\text{C}}$) ∧ [(A ∧ C) ∨ (B ∧ C)]**
(Siehe Tabelle 2)

3

Tabelle 2: Wertetabelle

C	B	A	U	V	W	X	Y
0	0	0	**0**	**0**	**0**	**1**	**0**
0	0	1	**0**	**0**	**0**	**1**	**0**
0	1	0	**0**	**0**	**0**	**1**	**0**
0	1	1	**0**	**0**	**0**	**1**	**0**
1	0	0	**0**	**0**	**0**	**0**	**0**
1	0	1	**1**	**0**	**1**	**1**	**1**
1	1	0	**0**	**1**	**1**	**1**	**1**
1	1	1	**1**	**1**	**1**	**1**	**1**

4 **Y = (A ∧ $\overline{\text{B}}$ ∧ C) ∨ ($\overline{\text{A}}$ ∧ B ∧ C) ∨ (A ∧ B ∧ C)**

5 $Y = (A \wedge \overline{B} \wedge C) \vee (\overline{A} \wedge B \wedge C) \vee (A \wedge B \wedge C) =$

1. Schritt: $(A \wedge B \wedge C) \vee (A \wedge \overline{B} \wedge C) = (A \wedge C) \wedge (B \vee \overline{B})$
$= (A \wedge C) \wedge 1 = (A \wedge C)$

2. Schritt: $(A \wedge B \wedge C) \vee (\overline{A} \wedge B \wedge C) = (B \wedge C) \wedge (A \wedge \overline{A})$
$= (B \wedge C) \wedge 1 = (B \wedge C)$

3. Schritt: $Y = (A \wedge C) \vee (B \wedge C) = \mathbf{C \wedge (A \vee B)}$

6 $Y = C \wedge (A \vee B)$
$= \overline{\overline{C \wedge (A \vee B)}}$
$= \overline{\overline{C} \vee \overline{(A \vee B)}}$

6

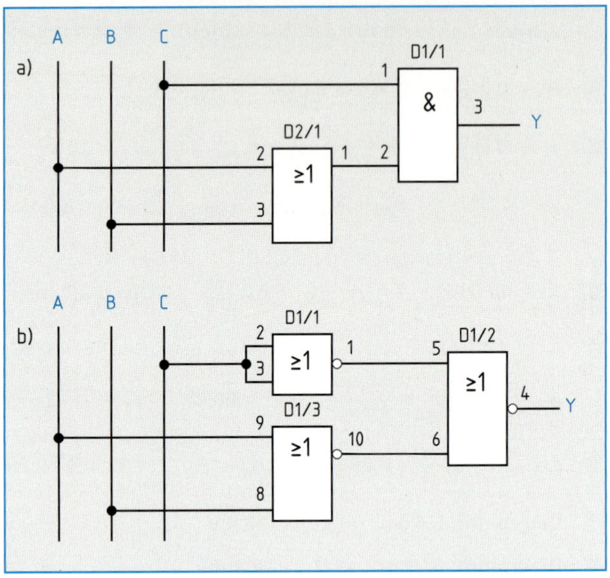

Lösungen zu: Aufgabe 29, Elektronik, Arbeitspunkteinstellung beim Transistor (Seite 45)

1 R_E bewirkt eine Arbeitspunktstabilisierung durch Stromgegenkopplung. Wenn I_C steigt, steigt U_{RE}, damit fällt U_{BE} und I_C sinkt.

$\boldsymbol{R_C} = \frac{U_b/2}{I_C} = 300\ \Omega \Rightarrow$ gewählt: **300 Ω**; $\boldsymbol{R_E} = \frac{U_{RE}}{I_C} = 50\ \Omega \Rightarrow$ gewählt: **51 Ω**

2 Aus der Stromverstärkungskennlinie: $B = 350$. $I_B = \frac{I_C}{B} = 57\ \mu A$

Aus der Eingangskennlinie: $U_{BE} = 0{,}57$ V. $\boldsymbol{R_2} = \frac{U_{BE} + U_{RE}}{I_q} = \frac{0{,}57\ V + 1\ V}{5 \cdot 57 \cdot 10^{-6}\ A} = 5{,}5\ k\Omega \Rightarrow$ gewählt: **5,6 kΩ**

$\boldsymbol{R_1} = \frac{U_b - U_{BE} - U_{RE}}{I_q + I_B} = 30{,}5\ k\Omega \Rightarrow$ gewählt: **30 kΩ**

Lösungen zu: Aufgabe 30, Elektronik, Netzgerät mit Transistor und Z-Diode (Seite 46)

1

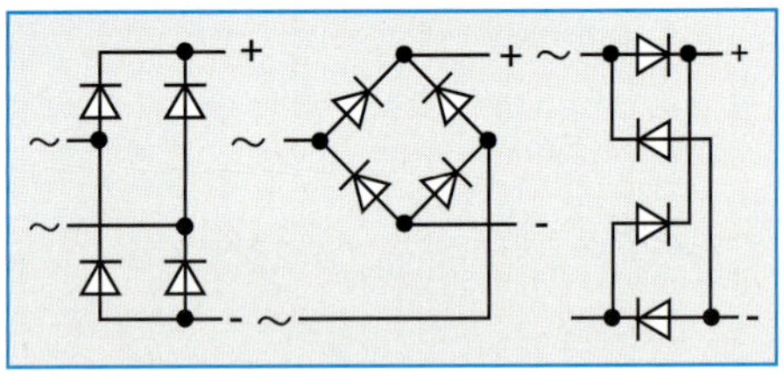

2 **Kollektorschaltung**

3 $U_Z = U_2 + U_{BE} = 6\ V + 0{,}9\ V = 6{,}9\ V \Rightarrow$ **BZX55/C6V8**

4 $\boldsymbol{I_{Zmax}} = \frac{P_{tot}}{U_Z} = \frac{500\ mW}{6{,}8\ V} = \mathbf{74\ mA}$; $\boldsymbol{I_{Zmin}} = 0{,}1 \cdot I_{Zmax} = 0{,}1 \cdot 74\ mA = \mathbf{7{,}4\ mA}$

5 $\boldsymbol{R_{vmin}} = \frac{U_1 - U_Z}{I_{Zmax}} = \frac{18\ V - 6{,}8\ V}{74\ mA} = \mathbf{151\ \Omega}$

6 $\boldsymbol{I_{Lmax}} = (I_{Zmax} - I_{Zmin}) \cdot B = (74\ mA - 7{,}4\ mA) \cdot 40 = \mathbf{2{,}66\ A}$

7 $P_v = U_{CE} \cdot I_C = U_{CE} \cdot I_{Lmax} = (U_1 - U_2) \cdot I_{Lmax} = (18\ V - 5{,}9\ V) \cdot 2{,}66\ A = 32\ W \Rightarrow P_v > P_{tot} \Rightarrow$ nicht zulässig!
Transistor mit höherer Verlustleistung verwenden. $I_{Cmax} > I_{Lmax} \Rightarrow$ zulässig.

Lösungen zu: Aufgabe 31, Elektronik, Astabile Kippschaltung (Seite 47)

1 $\boldsymbol{R_2} = \frac{tp}{0{,}69 \cdot C_1} = \frac{1000\ ms}{0{,}69 \cdot 10\ \mu F} = 144{,}9\ k\Omega \Rightarrow \mathbf{150\ k\Omega}$

$\boldsymbol{R_1} = \frac{ti}{0{,}69 \cdot C_1} - R_2 = \frac{1500\ ms}{0{,}69 \cdot 10\ \mu F} - 150\ k\Omega = 67{,}4\ k\Omega \Rightarrow \mathbf{68\ k\Omega}$

$R_3 = \frac{U_3}{I_B}$; $I_B = \frac{I_C}{B} = \frac{I_F}{B} = \frac{100\ mA}{120} = 0{,}83\ mA$;

$\boldsymbol{R_3} = \frac{U_a - U_{FR4} - U_{BE}}{ü \cdot I_B} = \frac{12\ V - 0{,}62\ V - 0{,}65\ V}{3 \cdot 0{,}83\ mA} = \mathbf{4{,}3\ k\Omega}$

$\boldsymbol{R_5} = \frac{U_5}{I_C} = \frac{U_5}{I_F} = \frac{U_b - U_{CESat} - U_{FP1}}{I_F} = \frac{12\ V - 0{,}15\ V - 2{,}75\ V}{100\ mA} = 0{,}091\ k\Omega = \mathbf{91\ \Omega}$

2 Nein, da $P = I_C \cdot U_{CESat} = 100\ mA \cdot 0{,}15\ V = 15\ mW = 0{,}015\ W$

3

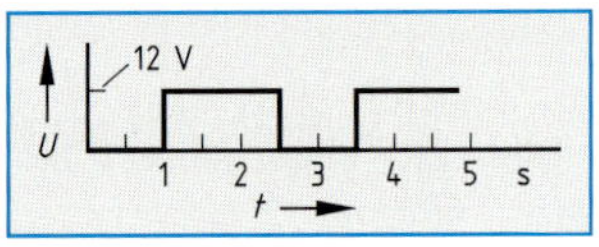

Lösungen zu: Aufgabe 32, Elektronik, Schmitt-Trigger (Seite 48 und 49)

1 a) $\boldsymbol{R_1} = \mathbf{130\ \Omega}$; b) $\boldsymbol{R_1} = \mathbf{170\ \Omega}$

2 a) $\boldsymbol{U_{R2}} = U_{1e} = U_b \cdot \frac{R_2}{R_1 + R_2} = 5\ V \cdot \frac{60\ \Omega}{130\ \Omega + 60\ \Omega} = \mathbf{1{,}58\ V}$; b) $\boldsymbol{U_{R2}} = U_{1a} = U_b \cdot \frac{R_2}{R_1 + R_2} = 5\ V \cdot \frac{60\ \Omega}{170\ \Omega + 60\ \Omega} = \mathbf{1{,}30\ V}$

3 $\boldsymbol{I_{C1}} = \frac{U_{1a} - U_{BEsat1}}{R_E} = \mathbf{7{,}14\ mA}$; $\boldsymbol{I_{C2}} = \frac{U_{1e} - U_{BEsat1}}{R_E} = \mathbf{12{,}1\ mA}$

4 $R_5 = \frac{U_b - U_{CEsat1}}{I_{C1}} - R_E = \mathbf{632\ \Omega} \Rightarrow$ gewählt: **620 Ω**; $\quad R_6 = \frac{U_b - U_{CEsat2}}{I_{C2}} - R_E = 350\ \Omega \Rightarrow$ gewählt: **330 Ω**

5 $U_{BE} = U_{BEsat} = \mathbf{0{,}9\ V}$

6 $R_7 = (R_6 + R_8) \cdot \frac{U_{BEsat3}}{U_b - U_{BEsat3}} = 132\ \Omega \Rightarrow$ gewählt: **130 Ω**

7 $I_{C2} = \frac{U_b - U_{CEsat2}}{R_6 + R_E} = 12{,}7\ \text{mA}; \quad U_{2L} = U_b - I_{C2} \cdot R_6 = \mathbf{0{,}81\ V}$

8 $U_{BE3} = U_{R7} = U_{2L} \cdot \frac{R_7}{R_7 + R_8} = \mathbf{0{,}26\ V} \Rightarrow$ **K3 sperrt**;

9 $U_{2H} = \mathbf{3{,}4\ V}$

10 $R_8 = R_7 \cdot \frac{U_{2H} - U_{BEsat3}}{U_{BEsat3}} = 361\ \Omega \Rightarrow$ gewählt: **360 Ω**;

11 $U_{1e} = \mathbf{1{,}7\ V}$

12 $R_2 = R_1 \cdot \frac{U_{1e}}{U_b - U_{1e}} = \mathbf{67\ \Omega}$

13 $R_1 = R_2 \cdot \frac{U_b - U_{1a}}{U_{1a}} = 305\ \Omega \Rightarrow$ Aus der Kennlinie Bild: $\Rightarrow \vartheta = \mathbf{13\ °C}$

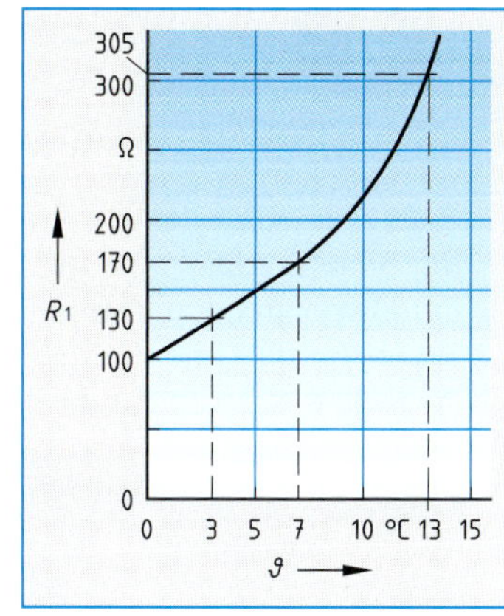

Lösungen zu: Aufgabe 33, Elektronik, Strom-Spannungs-Umsetzer mit Operationsverstärker (Seite 50)

1 Wenn bei 0 bar bereits ein Messstrom von 4 mA fließt, lässt sich leicht ein Drahtbruch feststellen. Bei Drahtbruch fließt dann kein Messstrom (0 mA).

2 An R3 wird der Messstrom in eine proportionale Spannung umgewandelt.

3 Der OP wird als Subtrahierer betrieben.

4 $U_{e1} = I \cdot R_3 = 4\ \text{V}; \quad V_{11} = -\frac{R_K}{R_e} = -1; \quad V_{12} = \frac{1 + R_{K1}/R_{e1}}{1 + R_1/R_2} = 0{,}588; \quad U_{a1} = V_{12} \cdot U_{e2} + V_{11} \cdot U_{e1} = 0{,}588 \cdot 6{,}8\ \text{V} + (-1) \cdot 4\ \text{V} = \mathbf{0\ V}$

5 $U_{e1} = I \cdot R_3 = 20\ \text{mA} \cdot 1000\ \Omega = 20\ \text{V}; \quad U_{a1} = V_{12} \cdot U_{e2} + V_{11} \cdot U_{e1} = 0{,}588 \cdot 6{,}8\ \text{V} + (-1) \cdot 20\ \text{V} = \mathbf{-16\ V}$

6 An K1 wird das verstärkte Messsignal von einer verstärkten konstanten Spannung subtrahiert. Dadurch wird das Messsignal von 4 mA bei 0 bar in eine Ausgangsspannung von 0 V umgewandelt.

7 $V_2 = \frac{U_{a2}}{U_{e2}} = \frac{U_{a2}}{U_{a1}} = \frac{10\ \text{V}}{-16\text{V}} = \mathbf{-0{,}625}$;

8 $R_{K2} = -V_2 \cdot R_{e2} = -(-0{,}625) \cdot 120\ \text{k}\Omega = \mathbf{75\ k\Omega}$

9 a) $I_{Zmax} = \frac{P_{tot}}{U_Z} = \mathbf{73{,}5\ mA}$; b) $I_{Zmin} = 0{,}1 \cdot I_{zmin} = \mathbf{7{,}35\ mA}$

10 $I_L = \frac{U_Z}{R_1 + R_2} = \frac{6{,}8\ \text{V}}{240\ \text{k}\Omega + 100\ \text{k}\Omega} = 20\ \mu\text{A}; \quad R_{vmin} = \frac{U_1 - U_Z}{I_{Zmax} + I_L} = \mathbf{234\ \Omega}; \quad R_{vmax} = \frac{U_1 - U_Z}{I_{Zmin} + I_L} = \mathbf{2\,340\ \Omega}; \quad 234\ \Omega < R_v < 2\,340\ \Omega$

11 a) $P_v = \frac{U_{Rv}^2}{R_{vmax}} = \frac{(U - U_Z)^2}{R_{vmax}} = \mathbf{126\ mW}$; b) $P_v = \frac{U_{Rv}^2}{R_{vmin}} = \frac{(U - U_Z)^2}{R_{vmin}} = \mathbf{1{,}26\ W}$

12 Gewählt: z. B. $R_v = \mathbf{1\ k\Omega}$; $\quad P_{Rv} = \frac{(U - U_Z)^2}{R_v} = 296\ \text{mW} \Rightarrow$ gewählt: **0,5 W**

Lösungen zu: Aufgabe 34, Elektronik, Phasenanschnittsteuerung mit Triac (Seite 52 und 53)

1 $I_0 = \frac{U_0}{R_L} = 5\ \text{A} \Rightarrow$ z. B. **Typ BT 137/500**

2

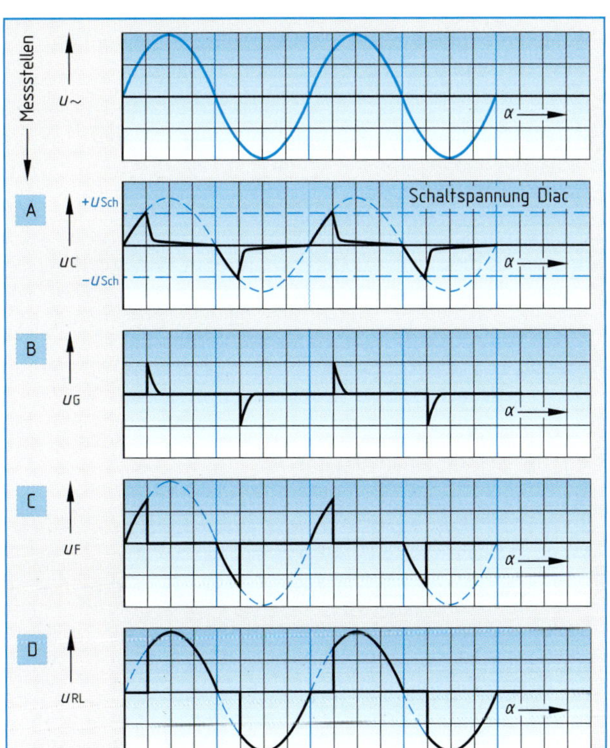

Bild 2: Spannungen in der Phasenanschnittsteuerung

3

α in °	20	40	60	90	120	140	160
U_α in V	229	222	206,3	162,6	101,7	58,9	21,6
I_α in A	4,98	4,83	4,48	3,54	2,21	1,28	0,47
P_α in W	1 140	1 075	924	575	225	75	10

4

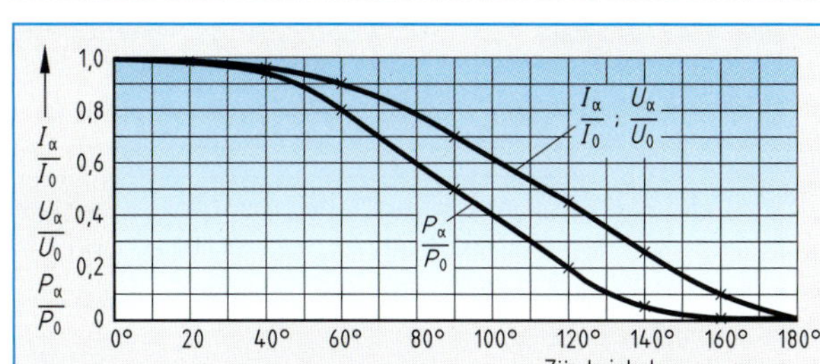

Bild: Steuerkennlinie, ohmsche Last

5 Aus Kennlinie: $\frac{U_\alpha}{U_0} = \frac{I_\alpha}{I_0} = 0{,}3; \quad \frac{P_\alpha}{P_0} = 0{,}08$

$U_\alpha = 0{,}3 \cdot U_0 = 69\ \text{V}; \ I_\alpha = 0{,}3 \cdot I_0 = 1{,}5\ \text{A}; \ P_\alpha = 0{,}08 \cdot P_0 = 92\ \text{W}$

6 Zum Zünden des Kondensators muss die Netzspannung erst den Wert der Schaltspannung U_{Sch} des Diacs erreicht haben.

$\sin\alpha = \frac{U_{Sch}}{\hat{u}} = \frac{30\ \text{V}}{325\ \text{V}} \Rightarrow 0{,}092 \Rightarrow \alpha = \mathbf{5{,}3°}$

7 $\alpha = 45°$: $\quad U_\alpha = 219\ \text{V}; \quad I_\alpha = 4{,}77\ \text{A}; \quad P_\alpha = 1045\ \text{W}$

$P_\% = \frac{P_{45°} \cdot 100\,\%}{P_0} = \mathbf{90\,\%}$

$\alpha = 90°$: $\quad P_\% = \frac{P_{90°} \cdot 100\,\%}{P_0} = \mathbf{50\,\%}$

Strombelastbarkeit von fest verlegten Kabeln und isolierten Leitungen

Nach DIN VDE 0298 Teil 4 unterscheidet man die neun Verlegearten A1, A2, B1, B2, C, D, E, F und G **(Tabelle 1)**. Der Bemessungswert I_r der Strombelastbarkeit wird für eine Umgebungstemperatur von 30°C angegeben **(Tabelle 2)**. Bei abweichenden Temperaturen, z. B. 25 °C, muss man die Strombelastbarkeit I_Z mit dem Korrekturfaktor f_1 für abweichende Umgebungstemperaturen **(Tabelle 1, Seite 65)**, bei Häufung von Leitungen mit dem Korrekturfaktor f_2 **(Tabelle 2, Seite 65)** und bei vieladrig belastete Leitungen mit dem Korrekturfaktor f_3 **(Tabelle 3, Seite 65)** berechnen.

Tabelle 1: Verlegearten von Kabeln und isolierten Leitungen — Nach DIN VDE 0298, Teil 4 (Auszug)

Verlegeart		Verlegebedingungen (Beispiele)
A1	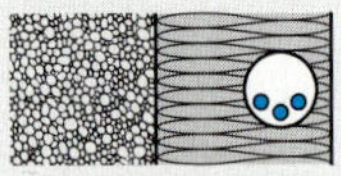	**Verlegung in wärmegedämmten Wänden** ❍ Aderleitungen im Elektroinstallationsrohr, ❍ Aderleitungen in Formleisten oder in Formteilen.
A2	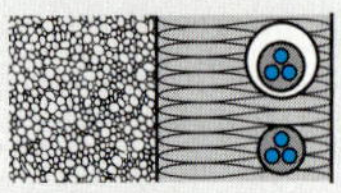	❍ Mehradrige Kabel oder mehradrige Mantelleitungen im Elektroinstallationsrohr, ❍ mehradrige Kabel oder mehradrige Mantelleitungen in einer wärmegedämmten Wand.
B1	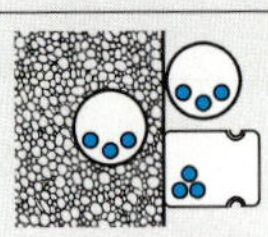	**Verlegung in Elektroinstallationsrohren oder -kanälen** ❍ Aderleitungen im Elektroinstallationsrohr auf oder in der Wand, ❍ Aderleitungen, einadrige Kabel oder Mantelleitungen im Elektroinstallationskanal.
B2	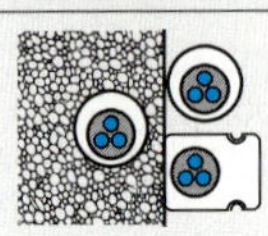	❍ Mehradrige Kabel oder Mantelleitungen im Elektroinstallationsrohr auf und in der Wand, ❍ mehradrige Kabel oder Mantelleitungen im Elektroinstallationskanal, ❍ mehradrige Kabel oder Mantelleitungen im Sockelleisten- oder im Unterflurkanal.
C	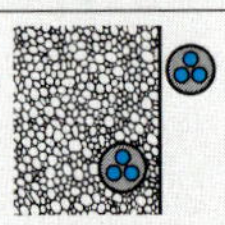	**Verlegung direkt auf dem Untergrund oder in der Wand** ❍ Ein- oder mehradrige Kabel oder Mantelleitungen auf oder in der Wand oder unter der Decke, ❍ Stegleitungen im oder unter Putz.
D		**Verlegung in der Erde** ❍ Mehradriges Kabel oder mehradrige ummantelte Installationsleitung im Elektroinstallationsrohr oder im Kabelschacht in der Erde.
E	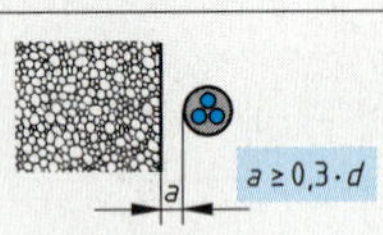	**Verlegung frei in der Luft** ❍ Mehradrige Kabel oder mehradrige Mantelleitungen frei in der Luft verlegt mit einem Mindestabstand zur Wand $a \geq 0{,}3 \cdot d$ (d = Kabel- oder Leitungsdurchmesser), ❍ Kabel oder Leitungen auf gelochten Kabelrinnen oder auf Kabelkonsolen.
F	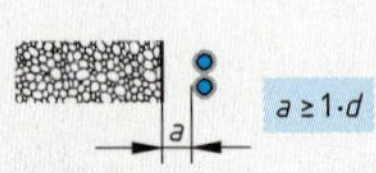	❍ Einadrige Kabel oder einadrige Mantelleitungen mit gegenseitiger Berührung verlegt und einem Mindestabstand $a \geq 1 \cdot d$ zur Wand.
G	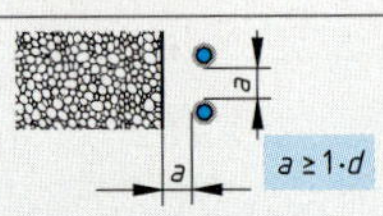	❍ Einadrige Kabel oder einadrige Mantelleitungen verlegt mit einem gegenseitigen Mindestabstand $a \geq 1 \cdot d$ und einem Mindestabstand zur Wand $a \geq 1 \cdot d$, ❍ blanke Leiter oder Aderleitungen auf Isolatoren.

Tabelle 2: Bemessungswert I_r der Strombelastbarkeit von Kabeln und Leitungen für feste Verlegung in Gebäuden in den Verlegearten A1, A2, B1, B2, C und E bei einer Umgebungstemperatur von 30 °C
Nach DIN VDE 0298, Teil 4 (Auszug)

Verlegeart	A1		A2		B1		B2		C		E	
Anzahl der belasteten Adern	2	3	2	3	2	3	2	3	2	3	2	3
Nennquerschnitt in mm² Cu	Bemessungswert I_r der Strombelastbarkeit in A für PVC-isolierte Kabel und Leitungen mit einer Betriebstemperatur am Leiter bis 70 °C											
1,5	15,5	13,5	15,5	13	17,5	15,5	16,5	15	19,5	17,5	22	18,5
2,5	19,5	18	18,5	17,5	24	21	23	20	27	24	30	25
4	26	24	25	23	32	28	30	27	36	32	40	34
6	34	31	32	29	41	36	38	34	46	41	51	43
10	46	42	43	39	57	50	52	46	63	57	70	60
16	61	56	57	52	76	68	69	62	85	76	94	80
25	80	73	75	68	101	89	90	80	112	96	119	101
35	99	89	92	83	125	110	111	99	138	119	148	126
Bemessungswerte I_r für die Verlegearten F und G siehe Tabellenbuch Elektrotechnik und DIN VDE 0298, Teil 4												